JN256016

〈食育の学校〉シリーズ I

大豆の学校

監修｜服部幸應

KIRASIENNE

大豆の学校

発刊にあたって

日本の食糧自給率は39%と低い水準のまま推移し、農業人口は減少し続けています。この国の食糧を取り巻く環境は厳しさを増しています。その一方で和食がユネスコの無形文化遺産に登録され、海外での人気は高まり、日本の食の価値が国際的に評価されています。

しかし現代日本人の食生活は、その食文化を正しく継承しているとは言い難く、むしろ食の乱れが顕著になっています。そして、国内では改めて「食育」の必要性が問われています。

私たちは「食育」をさらに普及するために〝食材から学ぶ食育〟を考え、まず米に続く〝第二の主食〟と言われる、大豆に注目しました。大豆から味噌、醤油、納豆と大豆にまつわるあらゆる食文化をひもとき、日本が世界に誇る発酵食文化へとシリーズは続く予定です。

食育の眼、その視点から日本の食文化を学んでいただければ幸いです。

CONTENTS

食育の定義

食育基本法の施行以降、『食育』という言葉を目にする機会は増えました。食に関するさまざまな教育の総称であり、「食」について学んだり、考えたりすることの全般を指す言葉ですが、取り上げられ方は千差万別です。

「何をもって『食育』というのか？＝『食育』の定義」が統一されていないのが現状です。あらためて『食育』とは何かを考えてみましょう。

『食育』は大きく分けて「選食力」「共食力」「地球の食を考える」の3つの柱から成ります。

この3つの柱を中心に学び、現状を理解し、改善していくことが重要です。

安心・安全・健康の

選食能力を養う

- 安心安全な食べ物の選食
  （目で見て判断、食品表示の見方、添加物、農薬など）
- 食材の知識（栄養素や旬について）
- 健康とは
- 生活習慣病予防
- やせ願望を持つ思春期の女性・妊婦・老人などの栄養失調

“食育”の3つの柱

衣食住の伝承・しつけは

共食（家族の団欒）から

- 共食（家族の団欒）の大切さ（脱：6つのこ食※）
- 食卓・食事の意義、朝食の大切さ、バランスのよい食事、食への関心度向上
- 「いただきます」「ごちそうさま」（感謝の念）
- 和食・郷土食の伝承、歳事と食
- 箸の正しい持ち方・使い方
- 基本的な食事マナー
- オキシトシンの重要性

※現代の食卓において特に問題になっている6つ（個食、孤食、粉食、固食、小食、濃食）をまとめてこのように言う。

食糧問題やエコロジーなど

地球の食を考える

- 食糧問題
  （主食となる穀物の確保、栽培等の環境など）
- 食料自給率
- 地産地消・特産物や生産者の保護
- 地球規模での環境問題
  （大気汚染、地球温暖化、水質汚染、農地保護など）
- 人口問題
  （飢餓、世界人口増加、日本の超高齢社会など）
- エコロジー、「もったいない」

また、『食育』は「食」に関わる仕事をする人だけのものではなく、生きているすべての人が取り組むべき重要な課題です。

本来『食育』というものは、改めて学ぶものではなく、自然と伝承されるべきものですが、核家族化や共働き、流通や技術の発達、そして何より意識の低下により、その伝承ができなくなっているのが現状です。

そこで、まず家庭が主体となって、学校・地域・社会のすべてが協力体制を取り、推進していく必要があります。

2005年7月15日に施行された「食育基本法」は、「食」に関する情報が氾濫する中で、食品の安全確保のために食を選ぶ目を養うこと、食材に興味をもって生産性を高めること、更に健全な食生活を通して生活習慣病を防ぐことを目的とし、「食」の大切さをもう一度見直そうというものです。

食育基本法の概念

イラスト｜峰村友美

ダイズテーブルを広げよう！

大豆レシピ9＋蒸し大豆レシピ8

撮影―土居麻紀子　構成・スタイリング―藤田実子

いろいろな料理に使える大豆はまさに魔法の食材。加えて、栄養価の高い大豆製品として注目を浴びている蒸し大豆は、美味しいだけでなく大変使いやすく、レシピも豊富なので料理の幅が広がります。さて、今日はどっちの大豆を使いましょうか？

大豆と私たちは、なんと縄文時代からのお付き合い。平安時代には租税として、稲に代わって大豆と醤《ひしお》が納められていたこともありました。その長い歴史のなかで、大豆は、消化のいい豆腐になり、納豆になり、味噌、醤油になって日本の食事のベースを形作ってきたのです。

私は年に一度、手前味噌を仕込みます。水を含んだ大豆が丸々とつやつやになる姿に毎回心躍ります。最近では岩手八幡平のミヤギシロメという品種の甘い大豆を、豆櫃《まめびつ》に常備するようになりました。

糖質過多になりがちな現代の食卓ですが、大豆は栄養豊かなたんぱく源として、私たちの強い味方です。フムスやコロッケ、ピクルス、醤油豆、豆ごはんなど……、常備菜からちょっとしたもてなし料理まで17品、いっしょに、お豆の美味しさを再発見しませんか。

料理研究家　冬木　れい

冬木れい
料理研究家
美味しい食卓と健康をテーマに、本草学を取り入れた江戸料理から、スパイス料理までを幅広く紹介。地方食材を中心に、レシピや商品開発も数多く手がける。最近では「ブシメシ！」（ＮＨＫＢＳプレミアム）の料理監修も行う。

国際薬膳師
本草薬膳研究会副会長
希望郷いわて文化大使
とちぎ江戸料理アドバイザー
良い食品づくりの会・会友

伝統の大豆レシピ

打ち豆汁

忙しい日は、
昔ながらの知恵を拝借

定番の大豆レシピ

大豆とひじきご飯

ほどよく残した大豆の食感と
胡麻油、醤油の香ばしさが魅力

大豆とひじきご飯

材料

米――――2合
醤油―――大さじ2
酒――――大さじ2

乾燥大豆――50g
乾燥ひじき――5g
焙煎胡麻油――小さじ1
醤油――――小さじ2（炒め用）

作り方

1 大豆は水で充分に戻し、約10分ほど堅めに茹でておく。
2 ひじきは、水に約10分ほど浸けて戻し、熱湯をくぐらせる。
3 米をとぎ、15分ほど吸水させてから、醤油、酒を加えて炊く。
4 フライパンに胡麻油をひき、水気をきった大豆とひじきを炒め、水気がなくなってきたら、醤油をかけ廻して下味をつける（写真）。
5 ご飯が炊きあがる間際に、4を入れて炊き上げる（写真）。

4

5

打ち豆汁

材料

打ち豆―――10g
大根――――3cm
人参――――1／3本
里芋――――2個
油揚げ―――1／2枚
葱―――――少々
出汁――――600cc
味噌――――大さじ2

作り方

1 打ち豆は、水に10分ほどつけておく。
2 大根・人参は、食べやすいいちょう切り、里芋は小ぶりの乱切り、油揚げは、細めの拍子切りにする。
3 出汁を入れた鍋に1と2を加え、全体に火が通り、柔らかくなったら味噌を溶き入れる。
4 器に入れ、小口切りにした葱を散らす。

〈打ち豆〉とは
今でも郷土食として残る打ち豆は、浸水させた生の大豆を石臼や木槌を使って平らに潰し、乾燥させたものです。仙台では、甘みのある青大豆を、蒸してから潰して乾燥させたものが一般的とか。いずれも火の通りがよく、すぐに柔らかくなるので、忙しい日々を送る農家の知恵として生まれたようです。
柔らかく茹でた大豆を指で潰して、キッチンペーパーの上で乾燥させても簡単にできます。

伝統の大豆レシピ

奈良茶飯

茹でて蒸らす
いにしえの僧房の茶飯を再現

材料

米―――1合
乾燥大豆――50g
乾燥小豆――50g
煎茶―――5g
水―――1000cc
塩―――小さじ2／3
焼き栗など―少々

作り方

1 大豆は水でよく戻し、薄皮を剝いで2つに割っておく。

2 小豆は、15分ほど煮てから茹でこぼし、再度新しい水で柔らかくなるまで煮ておく。茹で汁はとっておく。

3 鍋に500ccほどの湯を沸かし、茶袋にいれた煎茶を煮出す。

4 煮出した煎茶汁と、2の小豆の茹で汁と合わせて、1400ccほどにする。

5 土鍋にといだ米と、大豆、小豆を入れる（写真）。

6 4の汁を加え（写真）、米が柔らかくなるまで煮る。

7 米が柔らかくなったら、塩を加え、ご飯と汁を分ける。ご飯はお櫃《ひつ》など蓋のできる容器に取り、蒸らしておく（写真）。

8 茶碗に先にご飯を盛り、焼き栗をのせ、熱い汁をかける（写真）。

5

6

7

8

外食文化の祖「奈良茶飯」

元来、興福寺や東大寺など奈良の僧坊で、当時貴重だった煎茶を使って作られたのが始まり。江戸時代初期、浅草・金竜山の門前の茶店が『奈良茶』と称して茶飯に豆腐汁、煮しめ、煮豆などを添えた定食を出して評判を博しました。これが日本の外食文化の祖とされています。

伝統の大豆レシピ

大豆の精進おこわ

醤油で煎りつけた大豆は
キリッとした味わい

材料

乾燥大豆――50g
もち米――3合（1時間ほど水に浸け、よく水切りをしておく）
ごぼう――60g（笹掻き）
人参――50g（笹掻き）
舞茸――100g（一口大に割く）
油揚げ――1枚（短冊切り）
干椎茸――2枚（水で戻して薄切り）
昆布出汁――400cc
胡麻油――大さじ1
醤油――大さじ1（大豆下味用）
醤油――大さじ3
みりん――大さじ1

作り方

1 大豆は、水で充分に戻してから、フライパンで、気長に炒りつけるようにして火を通し、最後に醤油大さじ1をかけて下味をつける。

2 鍋に胡麻油をしき、中火でごぼう、人参、干椎茸、油揚げ、舞茸、1の大豆を炒める。

3 2に出汁と醤油、みりんを加え、5～10分ほど煮る。

4 3の味を調えてから、水を切ったもち米を入れ、水分をもち米に吸わせるように少し煮る。

5 セイロに蒸し布をしき、4を入れ、蒸気がよく上がるよう強火で30～40分蒸し上げる（写真）。

5

定番の大豆レシピ

五目豆

下茹でなしで炊いた大豆のプリッと
立体的な歯ごたえを楽しむ

材料

乾燥大豆――――200g
人参――――小1本
ごぼう――――中1／2本
こんにゃく――1／3枚
干椎茸――――2枚
出汁――――600cc
醤油――――70cc
みりん――――30cc

作り方

1 大豆は水で充分に戻しておく。こんにゃくは塩で揉み、熱湯で湯通しを、干椎茸は水で戻しておく（戻し汁は出汁と合わせる）。

2 人参、ごぼうは皮をむき、大豆と同じ大きさ（約1cm）の角切りに。1のこんにゃく、干椎茸も同様に約1cmの角切りにする。

3 鍋に戻した大豆、2の人参、ごぼう、こんにゃく、干椎茸を入れ、出汁、醤油、みりんを加えて中火にかける。沸いてきたらアクをすくい、弱火にして30分ほど煮る。
※調味料を初めから加え、あえて野菜の歯ごたえを残す炊き方です。

4 大豆の固さ、煮汁の水分量を確認して、足りなければ水を足し、さらに煮込んで好みの食感に仕上げる。一晩おいて、味馴染みした頃がさらに美味しい。

器協力｜CLASKA Restaurant "kiokuh"　TEL：03-3719-8123

アレンジの大豆レシピ

豆腐と大豆の厚焼き

甘辛醤油味の揚げ大豆を混ぜてケーキのような厚焼き豆腐に

材料

木綿豆腐 ― 1丁
フライドビーンズ ― 20g（作り方はP19参照）
卵 ― 1個
塩 ― 小さじ1／3
胡麻油 ― 適量

用具

セルクル　直径12cm

作り方

1 豆腐は重石をし、しっかり水切りをしておく（島豆腐のような水分の少ない固い豆腐でも良い）。

2 豆腐をなめらかにつぶして、塩、溶き卵を加え、よく混ぜたらフライドビーンズを加えて混ぜ合わす（写真）。

3 小さめのフライパンにたっぷりの胡麻油をしき、セルクルを置いたその中に2を流し込み（写真）、平らにならす。

4 最初は強火、すぐに弱火にし、蓋をして30分ほど焼き、上下を返してさらに5分ほど焼く（写真）。

5 セルクルを外して、側面にも焼き色をつけて仕上げる。

※江戸時代の料理書『豆腐百珍』のアレンジ料理。

2

3

4

洋風の大豆レシピ

大豆カレー

ホクホクの蒸し大豆たっぷり
お肉なしでも大満足の精進カレー

蒸し大豆

材料

蒸し大豆——300g
玉ねぎ——1個
ニンニク——2片
太白胡麻油—大さじ3
醤油——大さじ1
トマトジュース——200cc
ブイヨンスープ——500cc
〈スパイスA〉
赤唐辛子—1本
クミンシード—小さじ2/3
マスタードシード——小さじ2/3
〈スパイスB〉
ターメリック—小さじ2/3
レッドペッパー—小さじ2/3
コリアンダーパウダー——小さじ2
蒸しキヌア—少々

作り方

1 フードプロセッサーで玉ねぎ、ニンニクを粗いペースト状にする。
2 鍋に胡麻油をしいて火にかけ、油が温まったら、スパイスAを入れてシュワシュワと弾かせながら香りを引き出す。
3 1のペーストと塩を入れ、気長に炒め、ペーストが焦茶色になってきたら、スパイスB（写真）、さらに醤油を加える。
4 3に蒸し大豆を入れ、よく混ぜ合わせ、トマトジュース、ブイヨンスープを加え30〜40分ほど煮込む。
5 器に盛り、蒸しキヌアを振りかける。

3

大豆と押し麦のスープ

材料

水――600cc
昆布――10cm角1枚
鶏むね肉――100g
A〔蒸し大豆 100g、押し麦10g、玉ねぎ（5mm角みじん切り）1/3個〕
B〔醤油 小さじ1、酒 大さじ1、塩 小さじ1/2〕
黒胡椒――適量

作り方

1 水に昆布を浸しておき、弱火にかけ沸騰前に取り出す。
2 鶏むね肉を入れ、沸騰したら蓋をして火を止め、20分ほど置いたら取り出して1cm角に切る。
3 2のスープを煮立て、アクを取ってからAを入れ、押し麦が柔らかくなるまで煮る。
4 2の鶏むね肉を加え、Bで味を調え、最後に黒胡椒をふる。

ポークビーンズ

材料

豚バラ肉（ブロック肉を3cmの角切り）――300g
蒸し大豆――300g
バター――大さじ1
玉ねぎ（1cmの角切り）――1個
セロリ（2cmの角切り）――1本
ニンニク（みじん切り）――2片
生姜（みじん切り）――1片
A〔白ワイン 100cc、水500cc〕
B〔トマトピュレー 100g、塩 小さじ1、レッドペッパー小さじ1/2〕

作り方

1 鍋にバターを溶かし、玉ねぎ、セロリを気長に炒め、ニンニク、生姜を加えさらによく炒める。
2 豚肉を加えよく炒め、蒸し大豆、Aを加え強火に。アクをすくう。
3 2にBを加え、1時間ほど弱火で煮て仕上げる。

フムス

蒸し大豆の旨みをベースに
スパイシーに仕立てたディップ

材料

蒸し大豆――100g
〈材料A〉
オリーブオイル―大さじ1
ヨーグルト――大さじ2
レモン汁――1／4個分
ニンニクすりおろし――少々
塩――小さじ1／4
クミンパウダー―小さじ1／3
レッドペッパー――少々
黒コショウ――適量

作り方

1 蒸し大豆は湯通しして水気を切る。
2 1が熱いうちに、フードプロセッサーに入れ、材料Aを合わせて攪拌《かくはん》し、ペースト状にする（写真）。
3 器に盛り、オリーブオイル（分量外）、レッドペッパーをかける。

2

〈フムス〉とは
トルコやギリシャ、イスラエル、レバノン、イラクなど中東の国々で食べられている伝統料理。茹でたひよこ豆にニンニク、胡麻、オリーブオイル、レモン汁などを混ぜてペーストにしたもの。ピタパンにつけて食べるのが一般的。高栄養低カロリーで、世界中のベジタリアンに人気。

洋風の大豆レシピ

大豆コロッケ

旨みも味も濃い大豆は、
ひと口サイズでサクッと楽しむ

蒸し大豆

材料

蒸し大豆――100g
バター――大さじ1／2
玉ねぎ――中1／4個
牛乳――50cc
塩、コショウ――適量
〈衣の材料〉
小麦粉
卵
パン粉――各適量

作り方

1 蒸し大豆を熱湯で湯通しして温めてからフードプロセッサーでペースト状にする。

2 玉ねぎはみじん切りにしてバターで炒める。

3 1と2を合わせ、牛乳を加えて適度な固さにしたら、塩、コショウで味を調える。

4 3を1個30g程度のボール状に成形し、小麦粉、卵、パン粉の順に衣をつけて、約175℃の油で、こんがり揚げる（写真）。

4

常備菜の大豆レシピ

毎日食べたい大豆
常備菜も作っておくと便利です

鉄火味噌

蒸し大豆

酢大豆

蒸し大豆

フライドビーンズ

蒸し大豆

醤油豆

酢大豆

材料
蒸し大豆——100g
純米酢——100cc
塩——小さじ1/3
玉ねぎ——1/4個
ローリエ——1枚
赤唐辛子——1本
ニンニク——1片

作り方
1 鍋に純米酢と塩を入れ、ひと煮たちさせたら火を止め、蒸し大豆を入れる。
2 清潔な容器に1を移し入れ、玉ねぎの薄切り、ローリエ、赤唐辛子、ニンニクを重ねて漬け込む。
※そのままピクルスとして。サラダに。日持ちは冷蔵庫で2~3週間。

鉄火味噌

材料
乾燥大豆——100g
するめ——60g
人参——小1本
ごぼう——中1/2本
蓮根——1節
甘めの味噌——400g
砂糖——100g
酒——200cc
胡麻油——大さじ1

作り方
1 大豆は、香ばしく煎っておく。
2 するめは焼いて細く割く。
3 人参、ごぼうは笹掻きにし、蓮根は、極小さな乱切りにする。フライパンに胡麻油を熱し、これらをよく炒める（写真）。
4 鍋に、味噌、砂糖、酒を入れよく溶いてから、123の材料を入れ（写真）、中火で、気長に味噌の固さになるまで火練りして仕上げる。
※酒の肴の「舐め味噌」に。ご飯の共に。日持ちは2~3週間。

3

4

醤油豆

材料
蒸し大豆——100g
生醤油——100cc

作り方
1 蒸し大豆は熱湯をくぐらせ水を切る。
2 清潔な容器に熱いうちに1を入れ、醤油を注ぎ漬け込む。
※そのままおつまみに、バターソテーして付け合わせとして。日持ちは冷蔵庫で1~2週間。

フライドビーンズ

材料
蒸し大豆——100g
片栗粉——大さじ2
醤油——大さじ1
みりん——大さじ1
揚げ油——適量

作り方
1 蒸し大豆は熱湯をくぐらせ水を切っておく。
2 1の大豆に片栗粉をまぶし（写真）、170℃に熱した油でカラリと揚げる（写真）。
3 醤油とみりんを煮立て、揚げたての2をからませる。
※おやつ、お弁当のおかずの1品、サラダのトッピング、豆腐に入れて厚焼きに（P13）する、ご飯に混ぜるなど応用できる。日持ちは冷蔵庫で翌日くらいまで。

2

ふわふわ呉《ご》汁《じる》

ペーストにした大豆と牛乳で作る
優しい舌触りもユニークな新感覚ホット豆乳

材料

乾燥大豆 - 50g
水 ——— 200cc
牛乳 ——— 200cc
生姜 —— 搾り汁小さじ1
〈スパイス〉
カルダモン —— 1粒（さやも種もつぶして使用）
シナモンスティック ——— 1／2本
クローブ ——— 2粒
砂糖 ——— 20g

作り方

1 大豆は水で充分に戻し、皮を剥いでフードプロセッサーでペースト状にする。
2 鍋に水とスパイスを入れて弱火で少し煮てから、1のペーストを加えて沸騰させる（写真）。
3 沸騰してかたまりになった泡を取りのぞいてから（写真）、牛乳、砂糖を加え、再沸騰させ、カップに泡を消さないようにすくい入れる。
4 最後に生姜の絞り汁を加える。

2

3

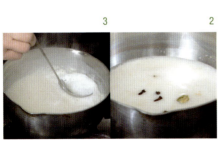

そばがき with クラッシュビーンズ

煎り豆のクラッシュビーンズで、より香ばしい和スイーツ

材料

そば粉 —— 1／2カップ
水 —— 1カップ
砂糖 —— 大さじ2
煎り大豆 —— 20g～30g
黒蜜 —— 60cc

作り方

1 鍋に水を入れ、火にかける。

2 沸騰する前にそば粉、砂糖を入れ、中火のまま割り箸4～5本でかき回す（写真）。火が入り、まとまってきたら火を止める（砂糖を入れると半日くらい柔らかい）。

3 煎り大豆をフードプロセッサー（すり鉢でも良い）で粉になる手前まで砕いて器に取る（写真）。扇などであおいで皮を取りのぞく。

4 2のそばがきをラップなどで茶巾絞りに成形して器にのせ、3のクラッシュビーンズ、黒蜜をかける。

2

3

大豆レシピで使用した

美味しい食材13

美味しくて健康にも良い料理を作るには、食材選びも大切です。
有機や無農薬なのはもちろん、昔ながらの知恵を生かし、環境と共存。
「良いこと」を伝承しているこだわり食材を紹介します。

株式会社 純正食品マルシマ

天然醸造国産有機しょうゆ

500ml ／ 880 円（税別）
醤油造りの伝統の地、小豆島産。国内産有機栽培の大豆と小麦、天日塩で仕込み、三十石杉桶でじっくり熟成。芳醇な香り、味わいを堪能できます。

有機　純米酢

300ml ／ 360 円（税別）
国内産の有機栽培されたうるち米のみを使い、じっくり発酵・熟成させる伝統製法で醸造。純米酢ならではのまろやかな風味で料理がより美味しい仕上げに。

広島県尾道市東尾道 9-2
TEL 0848-20-2506
http://www.junmaru.co.jp

海の精 株式会社

海の精　あらしお（赤ラベル）

240g ／ 600 円（税別）
伊豆大島で、黒潮が運ぶ清らかな海水、太陽と風と火の力で造る伝統製法の海塩。キレが良く、コクやほのかな甘味があり、素材の旨みを引き出します。

東京都新宿区西新宿 7-22-9
TEL 03-3227-5601
http://www.uminosei.com

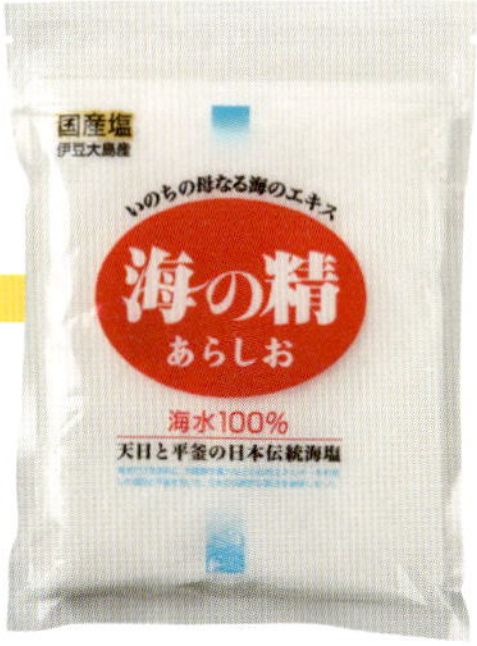

合資会社 八丁味噌

有機 八丁味噌

カップタイプ 300g ／ 600 円（税別）
岡崎城から西へ八丁の距離にある江戸初期からの老舗。原料は有機大豆と天然塩のみ。杉桶で仕込み、川石で重石をして 2 年以上熟成させています。

愛知県岡崎市八帖町字往還道 69
TEL 0564-21-0151
http://www.kakukyu.jp

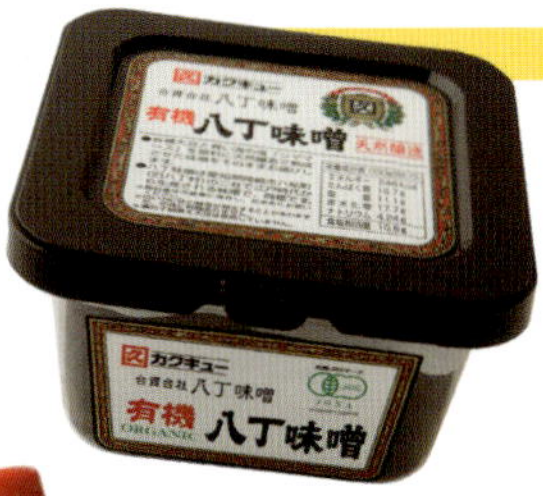

株式会社 角谷文治郎商店

有機三州味醂

500ml ／ 1,040 円（税別）
国内産有機米を原料に、みりん造りの本場三河で 200 年以上前から伝承される製法で醸造。自然な甘み、旨みで、料理の味わいを深めてくれます。

愛知県碧南市西浜町 6-3
TEL 0566-41-0748
http://www.mikawamirin.com

株式会社 だいずデイズ

有機蒸し大豆

100g ／ 250 円（税別）

有機蒸しミックスビーンズ

85g ／ 250 円（税別）

3色の蒸しキヌア

60g ／ 250 円（税別）

北海道産の有機大豆を100％使用した「蒸し大豆」をはじめ、栄養豊富な豆や穀類をふっくら蒸しあげています。水洗い不要でそのまま手軽に普段の料理に使うことができる優れものです。

神戸市東灘区御影塚町 4-9-21
TEL 0800-100-8682（通話料無料）
http://www.daizu-days.co.jp

iCas（株式会社 いかす）

炭素循環《たんじゅん》農法の野菜セット

S セット（6 品）　1,700 円（税別）
M セット（10 品）　2,700 円（税別）
L セット（15 品）　3,800 円（税別）
※送料別

農薬や肥料は一切使わず、微生物の力で育てる炭素循環農法の野菜は、自然栽培ならではの野性味と活力溢れる味わい。栄養価が高いのも特徴です。

東京都渋谷区神宮前 3-35-8
ハニービル青山ナチュナルローソン food kurkku B1F
TEL 03-5785-1248
https://www.icas.jp.net/

はちみつ専門店
Bee' s Labo（ビーズ　ラボ）

とち、あかしあほか

1kg ／ 8,500 円（税込）
※ 200g ／ 2,000 円（税込）、350g ／ 3,000 円（税込）もあり
※天候や収穫量、時期によって品揃え、量、価格に変動あり

健康なミツバチが育つ環境はもちろん、採取方法、衛生管理にも徹底的にこだわった、安心、安全な 100％国産天然生はちみつです。

栃木県那須塩原市塩野崎新田 80-4
TEL 0287-74-3683
http://www.beeslabo.jp

ばんげ有機倶楽部

会津メディカルライス・玄米

2Kg ／ 2,000 円（送料・税込）
※5kg ／4,000円、10kg ／ 7,000円（すべて送料・税込）もあり

会津盆地の西側、肥沃な大地と清らかな水に恵まれた坂下町。自然の力を発揮できる有機土壌で育つコシヒカリ玄米は、味も栄養価も抜群です。

福島県河沼郡会津若松坂下町大字福原字屋敷添 3375
TEL 0242-82-2555
会津メディカルライス・玄米

葉っピイ向島園

上煎茶

80g ／ 1,500 円（税別）

自然との調和に配慮し、無農薬、無化学肥料の完全有機で栽培。さらに、気温、湿度、茶葉の状態を見極め、熟練の感覚で自家製茶も手がけています。

静岡県藤枝市瀬戸ノ谷 13079
TEL 054-639-0514
http://www.mukoujimaen.jp/index.htm

尾浦丸（小野）

干ひじき

30g ／ 300 円（税別）

12 月～ 2 月の大潮の時のみ、細く柔らかな新芽を摘み、天日干しにする希少なひじき。柔らかで香りも味わいも繊細。1 月～ 3 月で売り切れます。

大分県佐伯市蒲江畑野浦 2820-1
TEL 0972-45-0205
または携帯 090-3730-3902

蒸し豆で、ニッポンを元気に。

蒸し豆 PROJECT

「もっと蒸し豆の良さを伝え、ニッポンを元気にしたい」
わたしたちはこのプロジェクトを通じて皆さまと共に
「蒸し豆」の魅力を広めてゆきます。

日本食の柱となり支えている食材である「豆」。
そんな豆をもっと手軽においしく食べてほしいという願いから、
2004年に「蒸し豆」は生まれました。

以来、わたしたちは「蒸し豆」の良さを伝えるべく、
さまざまな普及活動や研究を行ってまいりました。

「蒸し豆」にはまだまだ大きな可能性があります。

わたしたちは「蒸し豆でニッポンを元気に」すべく、
この「蒸し豆 PROJECT」を通じて、皆さまと共に様々な活動を行い、
「蒸し豆」の魅力を広めてゆきます。

蒸し豆のレシピ・サポーターのコラムなどを発信中
Web　https://mushimame.jp/
Facebook　@mushimame.jp

基礎講座

大豆を知る

納豆、醤油、豆腐、味噌、食用油などの原料にもなっている大豆。私たち日本人の生活にはなくてはならない伝統食材のひとつです。大豆はどのように育つのか、どのような歴史をたどってきたのか、健康への効果、大豆の正体や魅力に迫ります。

文｜野中真規子　イラスト｜柏木リエ
監修｜加藤 昇（P26-31）

大豆ができるまで

私たちが朝ごはんで食べる豆腐の味噌汁や納豆、ビールのつまみの定番である枝豆や豆腐などはすべて大豆でできています。
また大豆は工業用品や飼料の原料としても世界中で活用されています。
暮らしに欠かせない大豆が、どのようにしてできるのかを見ていきましょう。

5〜6月

大豆の栽培過程

種をまく

大豆の豆（種）を土にまくと、水分を吸って大きくふくらみ、胚芽の部分から根が出てくる。

発芽

発芽までの期間は地温や土壌の水分で異なるが、1週間から10日ほどで芽が出て、2枚の子葉が出る。密度が高い場合は間引きすると成長しやすい。

暗いところで栽培したときに出てくる、白くて太い芽が大豆もやしとなる。ビタミンCやKなど、大豆にほとんど含まれない栄養素がとれる。

発芽から10〜15日

子葉のあとに本葉が出る。最初に出る本葉を「初生葉」という。

培土

本葉が6〜7枚になったら、子葉がかくれるまで土を寄せて倒れにくくする。

摘心

上に長く伸びる品種は、頂上の芯を切る。すると、下葉の脇から新しい芽が出て多くの実をつけるように育つ。

東アジアに分布する野生のツルマメが原種

大豆は、バラ目、マメ科に属する一年生の草本です。大豆を含むマメ科植物は、約650属、1万8000種あります。祖先の野生種とされるツルマメは、現在も日本や中国などに広く分布。大豆同様に一年生植物ですが、種子は5㎜にも満たず、黒っぽい色で、硬実性、つる性で、栽培種とは異なります。このツルマメから大きな豆を選び、繰り返し栽培するうちに、現在の大豆ができたとされています。

大豆種子は種皮と胚からなっており、種皮部は硬い細胞層で構成されています。この種皮部が周囲の水分や病害虫から種子を守っています。種皮にはヘソがあり、内部の胚には子葉・幼根・幼芽・胚軸から成り立っています。このヘソは、人間で言えばヘソの緒のようなもの。豆がさやの中で熟す過程で親の大豆植物から栄養をもらう役割を担っています。

column1 養分が少ない土地でも、栄養豊富に育つわけ

昔から日本では、田んぼのあぜを有効活用すべく大豆を栽培してきました。養分が少ないあぜでも大豆がよく育つのは、窒素を取り込みやすい性質があるからです。

窒素は植物の大きな栄養源ですが、通常、植物は空気中からは窒素を取り入れることができません。特に大豆は窒素を多く要求する植物で、一般に100㎏の大豆を生産するために7〜9㎏の窒素が必要に。この窒素の確保を担うのが、大豆などマメ科植物の根にある3〜5㎜ほどの小さなコブ「根粒」についた微生物の「根粒菌」。空気中の窒素を取り込み栄養に変え、大豆の生育に必要とされる全窒素の50〜80％を作ります。

大豆をつくった土地には窒素が残り、他の作物もよく育つようになります。

「蝶のような花」と呼ばれるほどかわいらしく観賞用としても楽しめる。

できあがったにおの形は小さなサイロのよう。

中耕
もう一度うねとうねの間を耕し、土を寄せて倒れにくくする。

開花
発芽から50日ほどで花が咲く。

開花後1ヶ月
花の付け根にできたさやがふくらむ。開花後に受粉が行われ、さやがつき始めると、豆の粒はその中で大きくなる。

枝豆ならこの時期が食べごろ。

収穫
栽培を続けると、さやが茶色く色づいてくる。さやを揺すってみて、豆の音がカラカラするなら大豆の収穫どき。

乾燥、脱穀
その後2〜3日の地干しを行ってから、各株を交差させて積み上げ、ゆっくりと自然乾燥させる「におみ」や「はざがけ」を行う。2週間前後で乾燥した頃に豆をさやから取り出し脱穀を行い、袋詰めして出荷される。

※種類により栽培時期や期間は異なるが、種まきから収穫までおよそ半年かけて生育する。

大豆を栽培して 大豆ができるまでを体感しよう

大豆は、畑はもちろんですが、プランターでも栽培することができます。種まきに最適なのは、気温15〜25度になる頃。品種などにもよるので確認しましょう。手入れをしながら夏には枝豆が、秋には大豆が収穫できます。

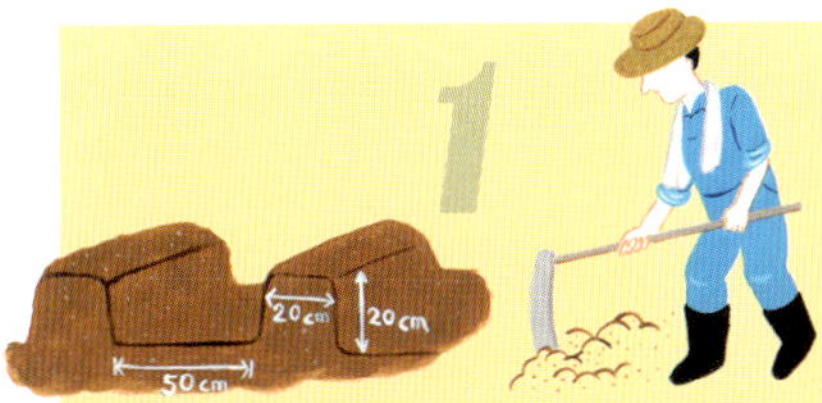

畑の場合、20cmくらいの深さまでたがやす。雨を吸収して酸性に傾いた土を、大豆の栽培に適した弱酸性にするため、石灰をまいて土とよくまぜる。

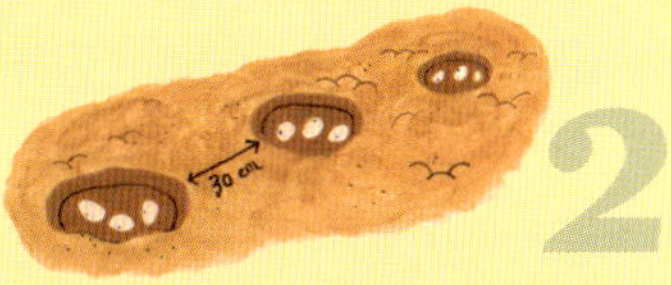

深さ20cm、幅50 cmくらいのうねを20cm間隔でつくり、種まきは30cmの間隔をあけながら、1箇所に3粒ずつまく。

種の2〜3倍の土をかぶせ、水をやる。育つまでは鳥よけのネットか、プラスチックのコップをかぶせると安心。

本葉が6〜7枚になったら、倒れないよう、子葉がかくれるまで土をよせる。土が乾かないよう、特に暑い時期は水をたっぷりと。小さな実が見えたら薄めた園芸用液体肥料を与える。

大きくなってきたら、一番上の芯を切る。高くなりすぎず、下の葉の脇から新しい枝が出てよく茂るようになる。

プランターの場合
なるべく大きめのプランター（深さ30cm以上、1粒ずつの間隔を20cmとれる大きさ）を用意して、日当たりの良い場所に置き、20cmくらいの間隔をあけて種をまく。手入れの方法は畑の場合と同様に行う。

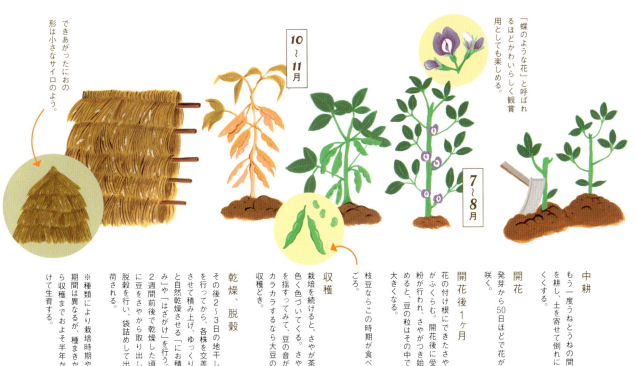

大豆の歴史

食料や飼料などとして世界中で活用されている大豆ですが、17世紀までは、日本を含む東アジアのみで栽培、利用されていました。大豆がどのように生まれ、日本に広まり、世界中で栽培されるようになっていったのか、その歴史をたどってみましょう。

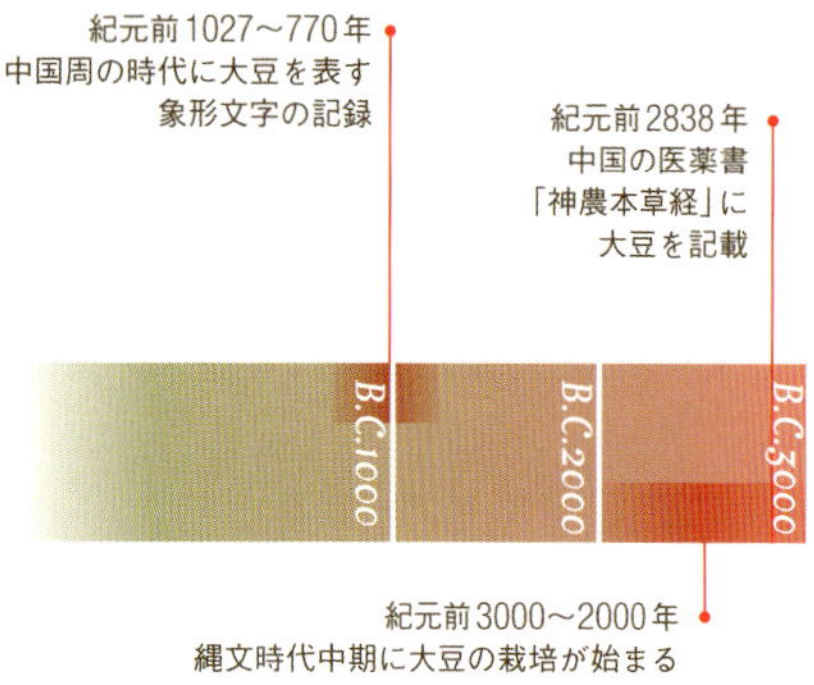
紀元前1027〜770年
中国周の時代に大豆を表す象形文字の記録
紀元前2838年
中国の医薬書「神農本草経」に大豆を記載
B.C.3000
B.C.2000
B.C.1000
紀元前3000〜2000年
縄文時代中期に大豆の栽培が始まる

紀元前の中国では医薬品としても利用

大豆について書かれた記録で最古のものは、紀元前2838年に中国を支配したとされる神農皇帝による医薬の書物『神農本草経』で「生大豆をすりつぶして、腫れ物に貼ると膿が出て治る」などの記述があります。周の時代には大豆を表す象形文字の記録も。前漢時代の歴史書「史記」には、歴代皇帝が毎年五穀豊穣の儀式で大豆の種をまいていたことが記されており、大豆が大切に扱われてきたことがわかります。

日本では縄文時代中期から食べられていた

日本では出土品などから、縄文時代中期には大豆の栽培が始まっていたことがわかっています。

大豆に関する最古の記録は飛鳥時代の「大宝律令」で、大豆を原料とする「醤《ひしお》」などの記述があります。また『古事記』には大豆の神話が記載されています。当時の利用法は煮豆や炒り豆が主で、奈良時代になると味噌や醤油の源流「穀醤《こくしょう》」も作られました。

栽培が全国に広まるのは鎌倉時代で、きっかけはその頃伝来した仏教にありました。仏教の教えの根底にあった「殺生禁止」の風潮が強まると、特に大衆の規範となる僧侶たちにはそれが徹底され、彼らは肉や魚に変わるたんぱく源として大豆を食べるようになったのです。豆腐、味噌、醤油、高野豆腐など現在にも残る大豆食品は、一部中国から伝わったものもありますが、この時代の僧侶たちが作ったものです。また、これらを組み合わせ精進料理や会席料理も誕生しました。

戦国時代になると、戦の保存食として武将たちが味噌を作るようになり、江戸時代には味噌や醤油、豆腐などの加工食品が大衆にも広まっていきました。大正時代に入るとこれらの大量生産も始まり、普段の食卓に登場するようになり、現在に至っています。

column2

戦時中の栄養補給に大豆が貢献！

大豆を発芽させたもやしは、大豆にはないビタミンCを含んでいます。

温暖地帯で野菜が豊富な日本と違い、朝鮮半島北部や中国北部は冬野菜が乏しくビタミンC欠乏になりやすい傾向があります。このため、これらの地域の人はビタミンC不足で起こる壊血病の予防に大豆もやしが役立つことを、早くから知っていました。

朝鮮戦争では、朝鮮人民軍は大豆もやしで栄養補給し壊血病を予防しながら、アメリカ軍との戦いを有利に終わらせたといいます。

日露戦争では両軍とも壊血病者が多く戦意喪失したとされています。このことからともに大豆もやしの効用を知らなかったと思われますが、後の日中戦争では日本軍も大豆もやしを活用したそうです。

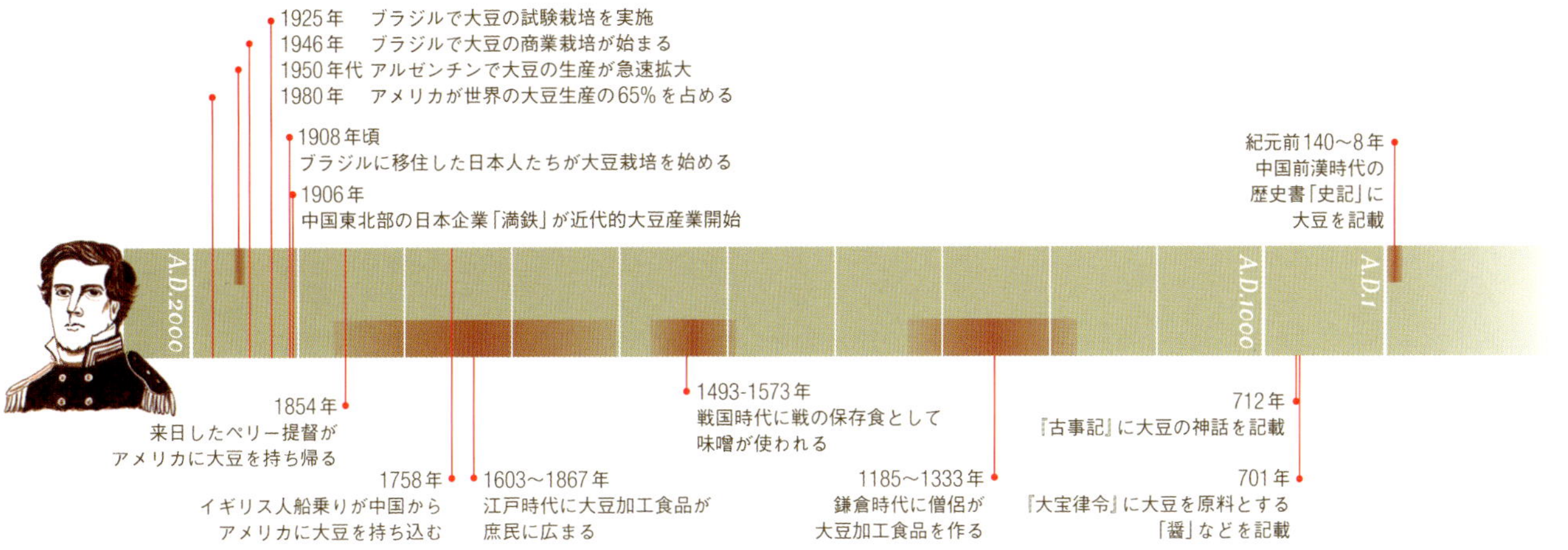
1925年 ブラジルで大豆の試験栽培を実施
1946年 ブラジルで大豆の商業栽培が始まる
1950年代 アルゼンチンで大豆の生産が急速拡大
1980年 アメリカが世界の大豆生産の65%を占める
1908年頃
ブラジルに移住した日本人たちが大豆栽培を始める
1906年
中国東北部の日本企業「満鉄」が近代的大豆産業開始
紀元前140~8年
中国前漢時代の
歴史書「史記」に
大豆を記載
A.D.2000
A.D.1000
A.D.1
1854年
来日したペリー提督が
アメリカに大豆を持ち帰る
1758年
イギリス人船乗りが中国から
アメリカに大豆を持ち込む
1603~1867年
江戸時代に大豆加工食品が
庶民に広まる
1493-1573年
戦国時代に戦の保存食として
味噌が使われる
1185~1333年
鎌倉時代に僧侶が
大豆加工食品を作る
712年
『古事記』に大豆の神話を記載
701年
『大宝律令』に大豆を原料とする
「醤」などを記載

欧米では工業用、飼料用として発展

欧米での大豆の歴史は17世紀に始まります。この頃ヨーロッパからアジアに交易を求めて来た人々が、大豆を自国へ持ち帰り栽培を試みますが、日照時間が足りないなどの問題で断念するに至ります。

現在の生産王国アメリカに大豆が渡るのは1758年。東インド会社の依頼で中国に来たイギリス人船員が中国の大豆をアメリカへ持ち込み栽培を試みました。その後ペリー提督が日本の大豆を持ち帰るなど、大豆への関心が高まります。

20世紀には大豆油が食用油脂や工業原料として世界的に注目され、中国東北部設立の日本企業「満鉄」が近代的大豆産業がスタートしました。大豆栽培ができないヨーロッパが満州からの大豆油の輸入を拡大する一方、アメリカは自国栽培に注力。やがて大豆に牛肉や牛乳、卵を生産する飼料としての価値も見出し、肉や卵の輸出とともに飼料用大豆の生産、輸出を増加。1980年頃には世界の大豆生産の65%を占めます。2016年度は世界の生産量3億4千万トンのうちアメリカは1億1千7百万トンで、世界一です。

同じく大生産地の南米では1908年頃にブラジル移住した日本人により大豆が持ち込まれたのが最初。1925年には試験栽培を実施、1946年から商業栽培を開始。その後日本の農業開発協力やブラジル農業研究公社などの貢献により生産技術の改良が進み生産を拡大。アルゼンチンでは1950年以降、急速に生産が拡大。2016年度のブラジルの大豆生産量は1億8百万トン、アルゼンチンは5千5百万トンです。

こうして大豆の生産は東アジアから新天地南北アメリカへ移り、現在、これらの国では世界の大豆生産量の約9割をまかなうようになりました。

〈出典〉九州大学大学院農学研究院農業資源経済学部門編「世界の食糧統計」より

column3

大豆のパワーは年中行事でも活躍

大豆は魔除けの力があるとされ、古来各地の年中行事に用いられてきました。節分の豆まきは、米より粒が大きく悪霊払いに適していることや、魔の目にぶつけて滅する「魔滅」のゴロ合わせの意味も。

また昔、京都鞍馬山に鬼が出た際に、毘沙門天のお告げにより鬼の目に大豆を投げて退治したという話もあります。

正月におせち料理で食べる黒豆も大豆です。黒色は道教で魔除けの色であり、無病息災の願掛けを意味しています。また「まめ」という言葉は本来「健康」や「まじめ」という意味をもち「一年まじめに働き、健康に暮らせるように」との願いが込められています。

大豆の効能

日本人は古来、米と一緒に大豆を食べることでバランスよく栄養をとってきました。また近年、大豆は1種類で多くの栄養素がとれる食品として、将来の宇宙食としても期待されています。五大栄養素を始め、美容や健康に役立つ栄養を多く含む、大豆の効能について見ていきましょう。

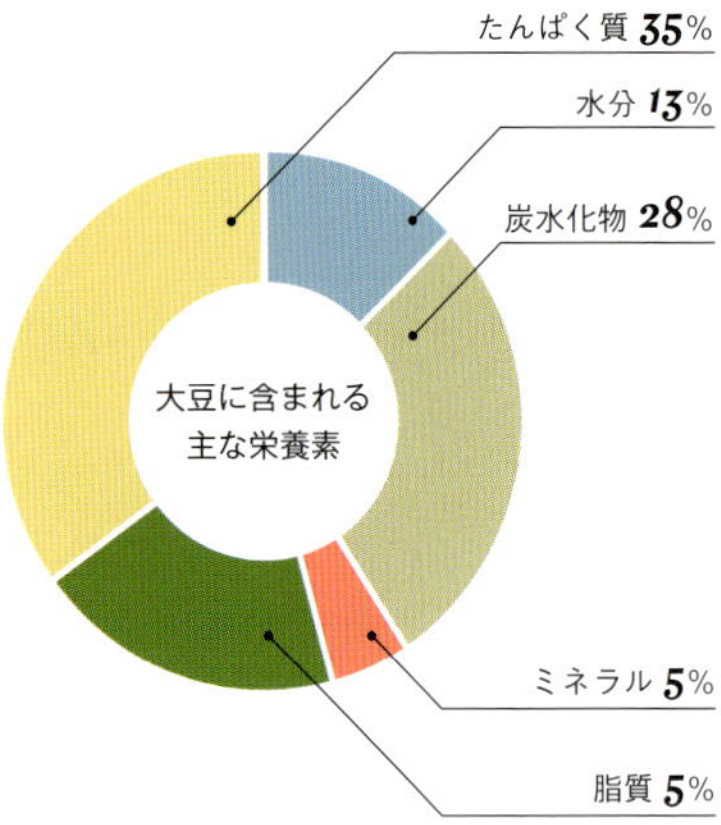

五大栄養素はすべて含まれている

私たちが健康に生活するために、食物からとる栄養は大きく分けて5つ。これを「五大栄養素」と言い、筋肉や血液を作るたんぱく質、エネルギーのもととなる炭水化物と脂質、体の働きを正常に保つビタミンとミネラルがあります。大豆はミネラルのほか、肉や魚など動物性食品と並んでたんぱく質と脂質が豊富で、炭水化物やビタミン、ミネラルも含み、五大栄養素がすべてそろっています。大豆が「畑の肉」と呼ばれるのはこのためです。

また大豆は、必須アミノ酸のリジンを多く含んでいますが、含硫アミノ酸が少なく、逆に白いご飯は、大豆に多いリジンが少なく、大豆に少ない含硫アミノ酸は多く含まれています。そこで大豆と白いご飯を一緒に食べると、両者の欠乏している必須アミノ酸を補えます。日本人が江戸時代以前、仏教の規律に従い肉や魚を食べなくても、筋肉が頑丈な体を築けたのは、ご飯を大豆と一緒に食べることで必須アミノ酸が欠乏しなかったからと言われています。

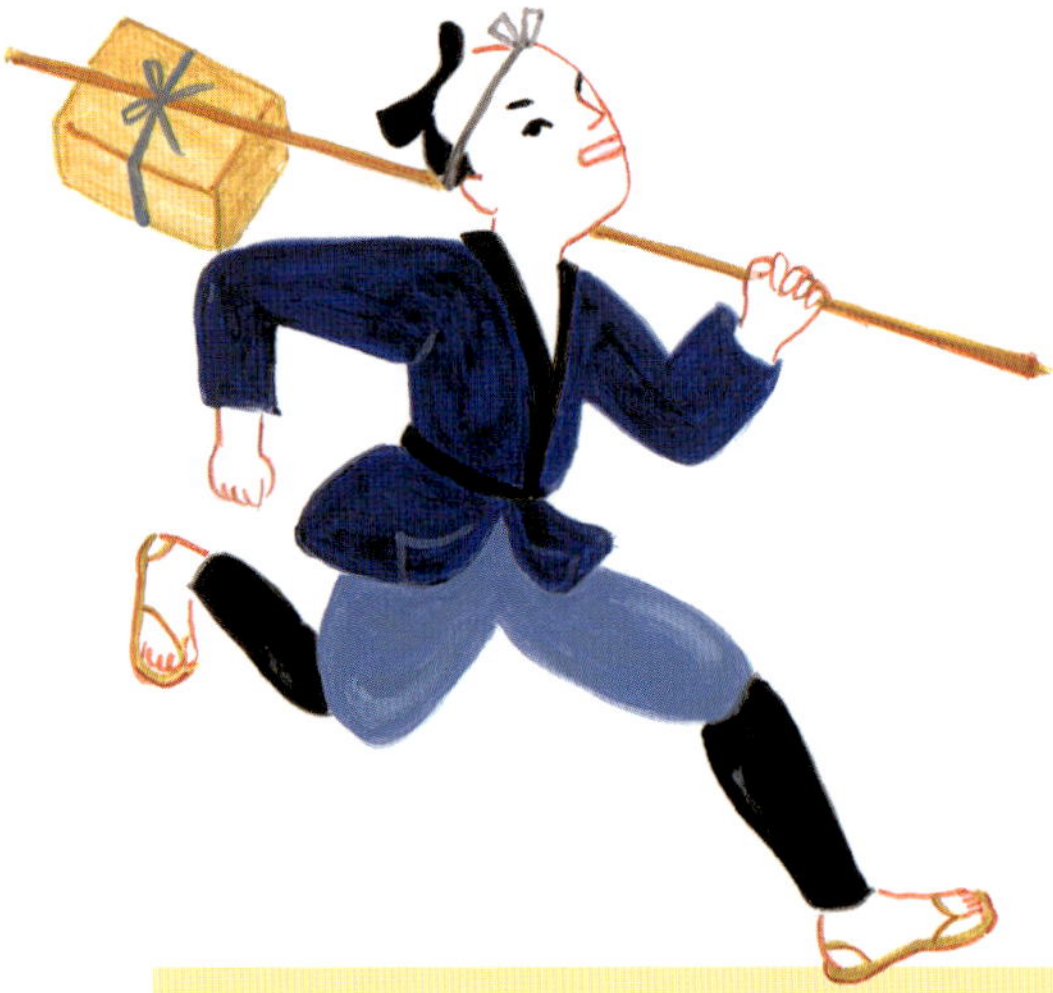

column 4
大豆油は他の脂肪酸とバランスよくとろう

大豆の脂質は全体の重さの16～20％も含まれています。これを絞った大豆油は、味や匂いにクセがないので、サラダ油やてんぷら油の主成分として用いられています。

健康機能はほぼ他の植物油脂と同じですが、リノール酸が50％以上含まれているのが特徴です。また、オレイン酸やα-リノレン酸も含まれています。これらは、体内では合成することのできない必須脂肪酸で、体の成長や抵抗力を保つ働きや、悪玉コレステロールを減らし、血液を流れやすくする働きもあります。

とは言え、過剰摂取は逆効果に転じるということも明らかになってきています。同じ脂肪酸でも動物性のもの、オリーブ油、紅花油、ナッツ類などのオメガ3系をバランスよく摂取することも大切です。

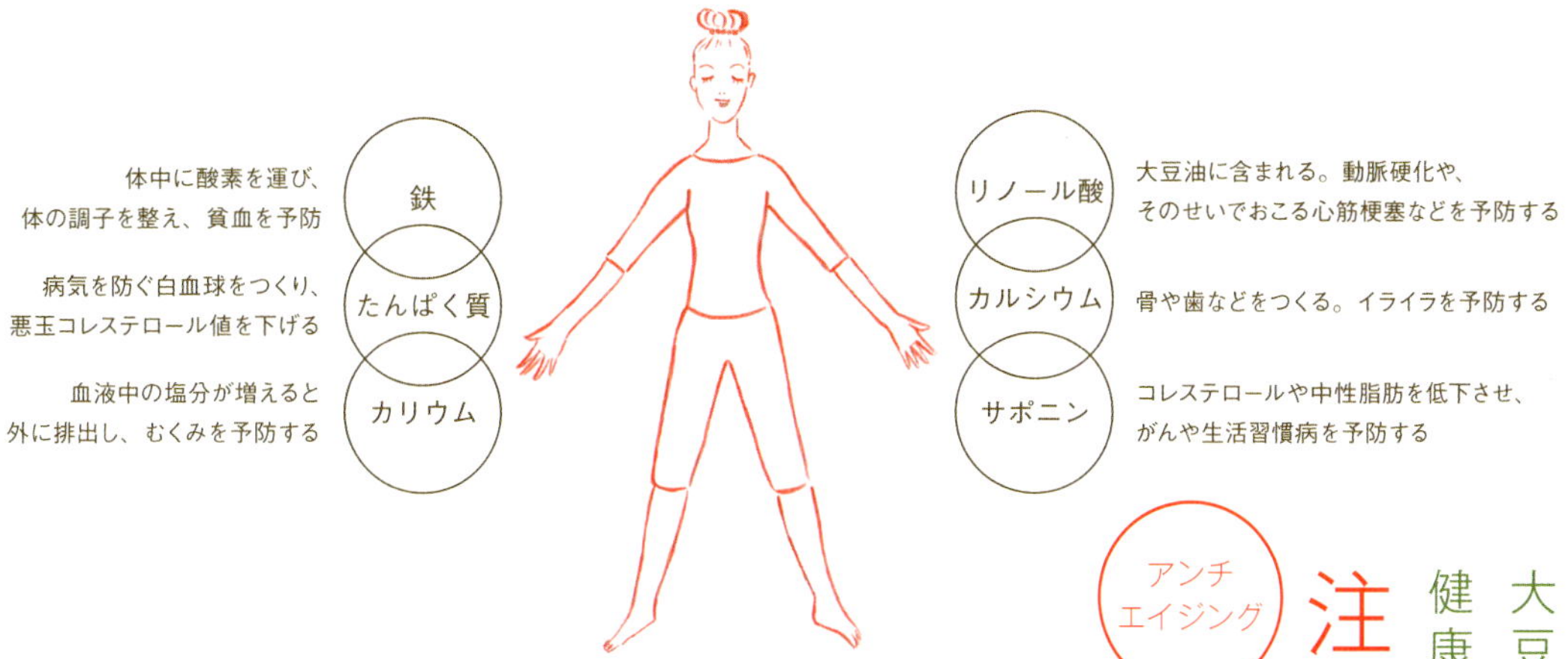
体中に酸素を運び、体の調子を整え、貧血を予防
鉄
病気を防ぐ白血球をつくり、悪玉コレステロール値を下げる
たんぱく質
血液中の塩分が増えると外に排出し、むくみを予防する
カリウム
リノール酸
大豆油に含まれる。動脈硬化や、そのせいでおこる心筋梗塞などを予防する
カルシウム
骨や歯などをつくる。イライラを予防する
サポニン
コレステロールや中性脂肪を低下させ、がんや生活習慣病を予防する

大豆を食べることで健康で生き生きした体に

注目される大豆のメリット

アンチエイジング

サポニンの抗酸化作用 細胞膜の代謝が活発に

健康体を保つためにコレステロールは大敵。大豆のたんぱく質や脂肪、大豆ステロールには、コレステロールを減らす働きが。サポニンには老化物質を抑える抗酸化作用があります。イソフラボンはガンや骨粗鬆症の予防に。

大豆には美肌を作る成分も多く、レシチンは皮膚の新陳代謝を活発に。オリゴ糖は腸の善玉菌を増やし活性化させ、腸内環境を整え肌も好調に。イソフラボンは構造が女性ホルモンに似ており、美肌を作り、更年期障害の緩和も。ビタミンB1やビタミンEは、肌荒れやシミそばかすを予防、血行を促進、肌や髪をきれいにします。

ダイエット

脂肪燃焼や老廃物排出 冷えや便秘解消に

大豆に含まれるたんぱく質には脂質の代謝を促進し、脂肪を燃焼させやすくする働きが。

食物繊維やオリゴ糖は便秘を解消し、また食物繊維には血糖値の上昇をゆるやかにする働きもあります。レシチンやサポニンはコレステロールなどの血中脂質を低下させます。さらにサポニンは脂肪吸収を抑え蓄積を防ぎ、体内の不要物を排出する働きも。これらの働きが、肥満予防にもつながってくるのです。

また脂質は体を動かし体温を保つためのエネルギーのもとに。ダイエットに必要な運動を助け、大敵な冷えを予防できます。

column 5

欧米でも食用大豆が見直されてきている

欧米では、長年大豆は人間の食物ではなく、家畜の飼料として使われてきました。

しかし最近では欧米でも、動物性脂肪の摂り過ぎで生活習慣病などさまざまな病気を引き起こすという報告が相次いでいることから、健康ブームが起きています。そこで健康に良い食物として大豆が見直されてきているのです。

また将来に危惧される食料危機の対策にも、大豆が期待されています。たとえば牛肉1kgを作るのに12kgの穀物を与える必要があり、このまま世界中の人が肉や卵を食べ続ければ、食料の供給が破綻しまうと言われています。

飢餓を防ぐには、収穫した穀物を直接食べることが有効です。中でもたんぱく質などの栄養素を豊富に含む大豆が注目されているのです。

大豆の種類

多様な気候に合う品種が作られ、世界各地で栽培されている大豆。その種類は日本だけでも300以上にものぼります。色や大きさ、含まれる栄養素などがそれぞれ異なり、こうした特徴によって、食べ方や用途も違ってきます。

日本の大豆は種類豊富 国内でも300以上

大豆は現在、国内すべての都道府県で栽培されています。世界的に生産量が多いのはアメリカや南米、中国などの国々です。

もとは涼しい地域で育つ作物でしたが、品種改良が重ねられ、現在では熱帯地方や乾燥地帯で育つ品種もできました。

現在、日本で食べられている大豆のほとんどはアメリカやブラジルから輸入したもので、国内の自給率は6%ほどです。しかし国内で育てられている大豆の種類はとても多く、一般に知られているだけでも300種類以上もあります。

収穫の機械化や食の需要に合わせて、味の安定性や害虫への強さなどの点において改良され、大量生産されているフクユタカやユキホマレ、エンレイ、とよまさりなどの品種のほか、各地で古くから種をつなぎ、育てられ続けている在来種も多くあります。

色や大きさ、栄養で 用途は違ってくる

大豆は品種によって、色や大きさなどが違います。色は、節分の豆まきに使う黄大豆がポピュラーですが、ほかに白大豆、黒大豆、赤大豆、緑大豆、茶大豆、青大豆の一部が黒い鞍掛豆などさまざまなものがあります。

また大豆のサイズは大中小に大別され、大粒は主に煮豆などそのままの状態で使われるほか、きな粉の原料にも。中粒は味噌や豆腐、醤油など加工品に、小粒は主に納豆に使われます。

品質により加工の向き不向きもあります。一般に豆腐には、たんぱく質を多く含むもの、納豆には、粒ぞろいがよく斑点がないもので適度に発酵するもの、味噌には糖質とたんぱく質が多く、煮上がりの色が明るくきれいなもの、醤油には高たんぱく質で脂質が少ない大豆が適しています。豆乳には糖質が多く、コクや甘みのある大豆が向いています。

色別・大豆の特徴

下に紹介したほか、白大豆や、緑と黒の２色の鞍掛豆などもあります。
なお枝豆の状態でも、黄大豆、青大豆、黒大豆など、さまざまな色のものがあります。

	色ごとの特徴	品種名	品種ごとの特徴	主な栽培地域
 黄大豆	ほとんどの味噌や豆腐、納豆は黄大豆の中粒、小粒を原料にしています。節分の豆まきに使われているのもこの大豆。生産量、品種ともに最も多い種類です。	フクユタカ	日本で最も多く作られている品種。中粒でたんぱく質を多く含み、豆腐や油揚げの原料に適しています。	九州、中部など
		エンレイ	大きな粒で、たんぱく質を多く含み、豆腐や味噌の原料として適している品種です。	北陸、東北など
		ユキホマレ	サイズは中粒。煮豆などの料理として使われるほか、納豆、味噌づくりにも適した品種です。	北海道
		リュウホウ	大きく白っぽい粒が特徴で、豆腐や煮豆にするのに適した品種です。	東北
		納豆小粒	極小粒で、日本で代表的な納豆用の大豆です。	関東
		タチナガハ	大粒で皮が丈夫。煮豆にするのに適しています。	東北、関東
		スズマル	サイズが小さく見た目も良い粒で、小粒納豆用として多く用いられています。	北海道
		サチユタカ	大粒で高たんぱく。豆腐づくりに適しています。煮豆としても使われます。	中国、近畿、九州
		ミヤギシロメ	大粒で色が白っぽく美しい特徴が。きな粉や菓子の材料などに加工されることが多い品種です。	東北
		里のほほえみ	とても大粒で高たんぱくであり、豆腐によく使われます。	主に東北
		とよまさり	大粒で白っぽく美しい色が特徴で、煮豆として多く使われるほか、豆腐、油揚げ、味噌、醤油にも。	北海道
 黒大豆	お正月のおせち料理に入っている煮豆は、黒大豆で作られています。また最近では黒大豆を使った納豆や豆腐も作られています。	丹波黒	極大粒で見栄えが良く、独特の甘みがあることから、煮豆として用いられます。枝豆としても。	近畿、中国、四国
		華大黒	煮豆として多く用いられるほか、たんぱく質が豊富なため豆腐にも加工されます。	南東北、北陸
		中生光黒	表面に光沢があり、糖分が多いことから煮豆や豆腐、和菓子の材料などに使われています。	北海道
 青大豆	和菓子に使われるきなこや煮豆としての用途が多いですが、最近では青大豆豆腐や青大豆納豆も増えてきています。枝豆の「だだちゃ豆」も青大豆の一種です。	音更大袖	味が良く、主に製菓原料用として使われるほか、煮豆や枝豆にも。最近は納豆や豆腐、味噌にも利用されています。	北海道
		キヨミドリ	ショ糖を多く含み、黄大豆ではできない風味のある豆腐が作れます。たんぱく質は少なめで、豆腐は柔らかくなります。	九州
		あきたみどり	大粒で、粒ぞろいが良く、美しいのが特徴です。煮豆や豆腐に使われます。	東北
赤大豆	「幻の大豆」といわれるほど希少で、皮が柔らかく、煮豆などに用いられます。			山形、静岡など
茶大豆	皮が薄くて柔らかく、食べやすいのが特徴。煮豆などに利用されます。			島根、新潟など
鞍掛豆	緑と黒の2色が珍しく、独特の風味とコリコリした食感で、味噌、煮豆、炒り豆などに利用されています。			長野など

〈参考〉 農林水産省　http://www.maff.go.jp/j/seisan/ryutu/daizu/d_tisiki/
みんなの農業広場　http://www.jeinou.com/benri/wheat/2009/08/310950.html
リヨーコクショウジ　http://www.ryokoku.com/knowlege/kiso_osusume.html#syoyu
大豆のおはなし　グリコ　http://cp.glico.jp/story/daizu/kinds.html

工場＋研究所訪問

注目の蒸し大豆はこうしてできあがる。

取材｜種藤 潤（OVJ）　写真｜上原タカシ

味や使い勝手、栄養面からも注目される「蒸し大豆」。その価値にいち早く着目した企業の製造工場と研究所を訪ねました。

独自製法で蒸し上げ旨味と栄養素を逃さない

工場内に足を踏み入れた瞬間、大量の大豆が工程に沿って進んでいく様子が目に飛び込み、同時に大豆特有の甘い香りに、全身が包まれました。

「おいしい蒸し豆」シリーズをはじめ、グループ会社の株式会社だいずデイズの「有機蒸し大豆」「スーパー発芽大豆」など、多様な蒸し豆商品を製造・販売してきた株式会社マルヤナギ小倉屋グループ。ほかにも佃煮や煮豆を手がけますが、蒸し豆製品を主に製造するのは、4つある工場のうちの、ここ「社（やしろ）工場」だそうです。

約3000坪ある広大な敷地の工場では、製品の種類により豆が選ばれ、工程計画に沿って大量の豆が投入、加工されていきます。その生産量、月170万～180万トン。工程のほとんどは機械化され、デジタル管理されていますが、要所要所でスタッフが配置。およそ10名前後の体制で生産が進んでいるそうです。

この工場で蒸し豆ができる工程は、豆の種類により多少の違いはあるものの、以下の流れでできあがると言います。①選別された大豆の異物除去（水洗）→②浸漬（水につける）→③パック詰め→④窒素充填《じゅうてん》→⑤調理殺菌→⑥箱詰め→⑦出荷。この工程のなかで、同工場独自の「蒸す」技術を盛り込むことで、従来とは一線を画す蒸し大豆ができあがるといいます。

「わかってしまえば極めてシンプルなのですが、この独自の蒸す工程を経ることで、大豆に含まれる水分により、蒸される状態になります。結果、大豆そのものの成分が逃げず、大豆本来のおいしさはもちろん、栄養もそのままの状態で提供できるわけです」と、社工場工場長の小林隆之さん。ただし、その加熱具合にこそ同社の技術が凝縮し、他社には真似できない、と自信を持っています。

誰も栄養価を知らないから自ら研究分析を進めた

近年、その美味しさはもちろん、そのまま料理に使用できる手軽さ、そして栄養面の高さから、新たな大豆加工品として注目を集めている「蒸し大豆」。株式会社マルヤナギ小倉屋は、いち早くその可能性を見出し、試行錯誤を重ね、現在の独自の蒸すスタイルを構築。他社に先駆けて本格的な量産化をスタートさせました。

また、製品化だけでなく「栄養価」も積極的に打ちだし、同社製品にとどまらない「蒸し大豆」ブームの大きな後押しをしてきました。実際の栄養価は、P37の表を見ればわかる通り。たんぱく質、食物繊維、大豆オリゴ糖、大豆サポニン、葉酸、大豆イソフラボンと、ほかの大豆製品に比べ多く含まれていることがわかります。

実はこの「蒸し大豆」の栄養素、同社が専門機関と連携し、独自に調査してきたものだと、グループ会社の株式会社だいずデイズの立ち上げから携わる、柳本健一次長は打ち明けます。

「私が所属するだいずデイズは、蒸し発芽大豆の製品化をするために立ち上がりました。そのPRを図る中で、蒸し大豆そのものの成分について尋ねられる機会がありました。でも本格的に研究しているところがなかった。ならば自分たちでやろう、ということで社内にある『だいずデイズ大豆研究所』で分析したところ、驚くほど栄養成分が豊富であることがわかりました」

一方で、「蒸し大豆」の原材料そのものにも同社はこだわり続けてきました。その象徴とも言えるのが、だいずデイズの現在の主力商品である「有機蒸し大豆」だと言います。

1.大量の大豆が工場内に所狭しと並ぶ。2.3.第一の工程である、異物や豆の汚れを除去する水洗工程。この後、ゆっくりと豆の力で吸水させる「浸漬」に入る。4.今回訪れた社工場の小林隆之工場長（右）と難波弘一次長（左）、高田ひかるさん（中央）。5.袋詰めの行程も機械化されていた。6.同社独自の「蒸す」工程。7.できたてのパックには水蒸気がびっしりとつく

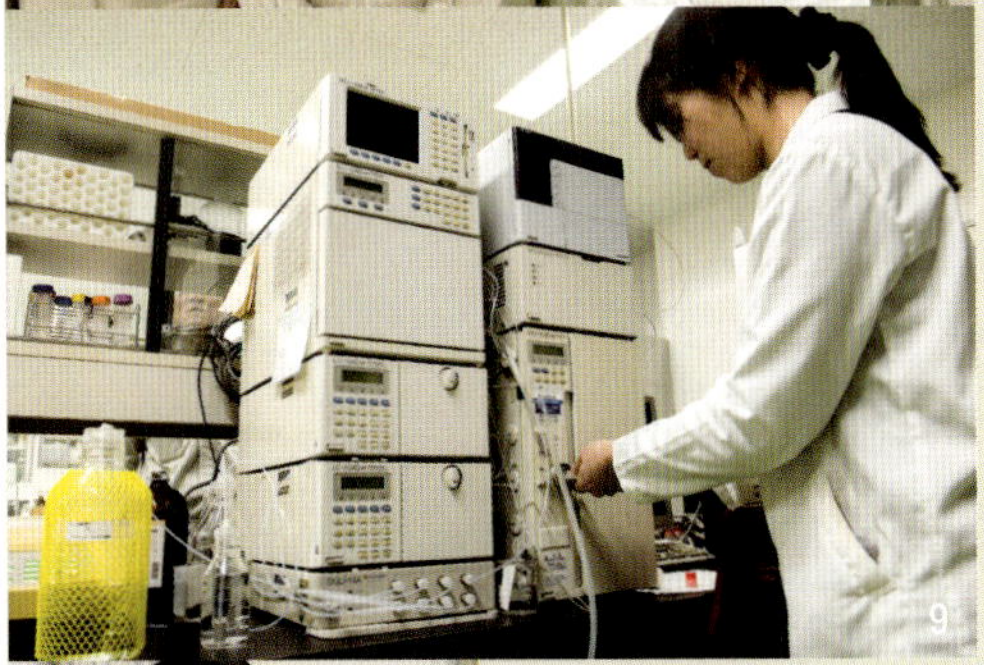

8.大豆をはじめとする蒸し豆及び製品の研究機関「だいずデイズ大豆研究所」は、株式会社マルヤナギ小倉屋本社内に設置。写真はそのスタッフたち。9.10.研究所内には成分分析や製品化にまつわるさまざまな機器がそろい、日々研究が重ねられている

蒸し大豆で「とびっきりのもの」を追求した
結果、行き着いた答えが、
国産有機大豆を使うことでした。

素材で勝負するからこそ大豆を国産オーガニックに

「工場の工程を見ていただければわかる通り、弊社の蒸し大豆には、品質維持のために塩と酢は入れていますが、それと水以外は一切何も入れていません。だからこそ、大豆そのものの品質で勝負すべきだと考えました。その結果行き着いたのが、国産有機大豆でした」（柳本次長）

「蒸し大豆」にとどまらず、同社グループの基本姿勢は「とびっきりの商品づくりをすること」（小林工場長）。そこには美味しさだけでなく、安心安全の側面も含まれます。その観点から、まずは国産の農薬や化学肥料を減らした特別栽培大豆を使い始めました。その後、オーガニック関係者との出会いを重ね、さらなる「とびっきりのもの」を取り入れることを追求した結果、国産有機大豆を使うことを決断しました。

「弊社は価格面でもお客様に貢献することを考えてきましたので、コストのかかる国産特別栽培はもちろん、国産有機大豆の確保は、非常に難しい判断でした。しかし、スタッフが生産現場をめぐり、直接交渉することで、手が届く価格で、『有機蒸し大豆』の製品化が実現できました」（柳本次長）

オーガニックの選択は、結果として「とびっきりのもの」で最も大切な美味しさにもつながったと言います。

「品種や生産地により、味の差は多少出ますが、国産有機蒸し大豆であれば、すべて自信を持って美味しいと言えるものが作れています。私を含め、定期的に社内で試食を重ねていますので、間違いありません」（柳本次長）

こうしてできあがった『有機蒸し大豆』は、2015年の発売から順調に売り上げを伸ばしてきました。小林工場長はさらにその数を伸ばしていきたい、と力を込めて言います。

「弊社の考え方がそもそも『オーガニック』に通じる部分がありますから、良いものを広めるために、生産は増やしていきたいですね。ただ課題は、生産量の少ない国産有機大豆の確保。担当は大変だと思いますが、さらにいい大豆を確保してきて欲しいです。工場は万全の態勢で待っています」

株式会社マルヤナギ小倉屋
株式会社だいずデイズ

本社（だいずデイズ大豆研究所）
〒658-0044
兵庫県神戸市東灘区御影塚町4-9-21
Fax: 078-841-1456 ／ Fax: 078-841-1447

社工場
〒673-1444　兵庫県加東市沢部655
Fax: 0795-42-1121 ／ Fax: 0795-42-3938

日本食品標準成分表
2015年版（7訂）
にも掲載！

今、大豆製品の中で 蒸し大豆が注目される理由。

文｜種藤 潤（OVJ）　協力｜だいずデイズ大豆研究所

蒸し大豆とほかの大豆加工食品との栄養成分の違い（100gあたり）

	蒸し大豆	水煮大豆	納豆	豆乳	豆腐
たんぱく質(g)	**16.0**	11.4	15.9	3.7	5.4
食物繊維(g)	**7.7**	6.7	7.1	0.1	0.4
大豆オリゴ糖(g)	**1.42**	0.79	-	0.42	0.50
ビタミンE(mg)	**1.4**	1.3	1.2	0.6	0.2
ビタミンK(μg)	**9**	8	759	5	6
カリウム(mg)	**704**	274	699	156	200
葉酸(μg)	**76**	44	160	26	11
大豆イソフラボン(mg)※	**120**	62	51	12	25

※アグリコン換算値　　データ：日本食品分析センター、日本冷凍食品検査協会

もともと、多様な栄養素が詰まった食材である大豆の中でも、「蒸し大豆」が特に注目されている昨今。なぜそこまで注目されているのでしょう？　先のページで紹介した通り、その本格的な製造の先駆者的存在だった株式会社マルヤナギ小倉屋が、自社研究所内でその価値を証明するために客観的データをまとめています。その数値をみると、大豆そのものにそれほど関心がない人でも、「蒸し大豆」に興味を持たざるを得なくなるほど、その価値を如実に物語っていました。

表は、「蒸し大豆」と代表的な大豆製品4品の、主要な栄養成分8項目を比較したものです。見ればわかる通り、8項目中6項目が「蒸し大豆」が最も含有量が多い結果になっています。栄養素が豊富とされる大豆製品の代表格である「納豆」と比較しても、その数値は遜色ないどころか、むしろ上回っている項目が多いのです。なかでも群を抜くのが、がんや骨粗しょう症の予防効果があるとされる「イソフラボン」の数値。「蒸し大豆」に次ぐ数値を持つ「水煮大豆」と比較しても、ほぼ倍の数値となっています。

なぜ、これほど栄養素が豊富に含まれているのか？　要因は大きく二つ考えられます。ひとつは、大豆を丸ごと食べられること。豆乳や豆腐は、製造過程でおからを取り除いているので、栄養素が減ってしまいます。もうひとつは、「蒸す」という調理方法。同じく丸ごと大豆を食べる「水煮大豆」と比較すると、水煮は調理時に水溶成分の栄養素がお湯の中に溶け出てしまうのに対して、「蒸し大豆」はその心配なく加熱調理できるのです。

こうしたデータが認知されはじめ、文部科学省が2015年に発表した、最新版の『日本食品標準成分表2015年版（7訂）』の中には、「蒸し大豆」の項目が新たに追加されました。「蒸し大豆」は単なるブームにとどまらず、大豆食品の中でも栄養価の高いものとして「定着」しつつあると言えるでしょう。

日本の有機原料で造る自然の風味
豊かな伝統の味をお届けします

味噌・醤油・漬物	ヤマキ醸造		
とうふ	豆 庵	有機野菜	豆太郎
直売店	糀 庵	豆富会席	紫水庵

ヤマキ醸造

〒367-0311 埼玉県児玉郡
神川町大字下阿久原955
TEL 0274-52-7000（代）

http://www.yamaki-co.com

世界が認めたオーガニック食品です

当社製品は日本、アメリカ、ヨーロッパの有機認証を取得しています。日本の伝統食と環境保全型の農業に取り組む生産者を応援し、国内自給率向上に貢献して参ります。

大豆アカデミー
研究者に聞く

日本の在来品種大豆の特徴と、その価値。

大豆にとどまらず、食物を考える上で重要視され始めている「在来品種」の存在。その本質をアカデミックに探るべく、大豆品種のスペシャリストにお話をうかがってきました。

取材｜小澤享子　資料提供｜兵庫県立農林水産技術総合センター（P42）

穴井豊昭 教授　Toyoaki Anai
佐賀大学農学部

イネやダイズを主な材料として、品種間交雑や突然変異誘発等の手法を用いた有用品種の開発ならびに生化学・分子生物学的手法を用いた有用遺伝子の単離から遺伝子組換え作物の作出に至る研究を行っている。

江戸時代に「在来品種」誕生　明治以降に品種を整理

まず穴井教授は「在来品種」以前に、そもそも「作物」と人間がどのように関わってきたかを解説されました。

「人類が誕生した頃は、野生の植物を採取しては食べるような生活をしていました。そしてどこかに定住し畑をつくり、何かを栽培するという流れに変わってきました。それが農業の始まるきっかけです。美味しいものや、たくさん実がなるものなど、自分が作りたいものの種子を蒔き、採れた種子の一部を残して、また次の年に蒔く。おそらくそれを繰り返していったのだと思います」

明治以降に品種登録をされたものが、「在来品種」と呼ばれる。

その後、江戸時代ごろから「品種」が誕生したのであろうと、穴井教授は指摘します。「江戸時代には園芸が盛んになり、同じ性質を示す種子を保存するという考え方が出てきました。こうして「さまざまな『在来の品種』のもとが作られていったと推測されます。その後、明治以降に主要作物については、国の研究所が品種化する方向で動き始めました。まずはじめに行われたのは、地方在来の品種の整理です。各地区から品種を集めて『純系分離』（ある地区から収集したものの中で、典型的なものや優良な性質を持つものを選抜すること）を行いました。このプロセスを経て、名前を付けられたものを『在来品種』と呼びます」

つまり、諸説ありますが「在来品種」の多くは、基本的に明治以降に品種登録をされたものを指すと、穴井教授は言います。

現在の大豆の主要産地は　ほとんど「近代品種」

では具体的に、大豆の「在来品種」を考えていきましょう。全国の大豆の中で、どこでどんな種類の品種が育てられ、その中で「在来品種」がどのぐらいあるのかを、P40表1にまとめま

表1 品種別作付状況と在来品種大豆

都道府県別品種別作付面積（26年産：上位10品種）を元に作成

在来品種大豆

地域	都道府県名	作付面積(ha)	1 品種名	1 ha	1 %	2 品種名	2 ha	2 %	3 品種名	3 ha	3 %	4 品種名	4 ha	4 %	5 品種名	5 ha	5 %	6 品種名	6 ha	6 %	7 品種名	7 ha	7 %	8 品種名	8 ha	8 %	9 品種名	9 ha	9 %	10 品種名	10 ha	10 %
	北海道	28,600	ユキホマレ	12,107	42.3	ユキシズカ	3,791	13.3	トヨムスメ	3,325	11.6	いわいくろ	2,177	7.6	スズマル	1,940	6.8	トヨコマチ	798	2.8	とよみづき	718	2.5	ユキホマレR	676	2.4	音更大袖	491	1.7	トヨハルカ	364	1.3
東北	青森	4,040	おおすず	3,932	97.3	オクシロメ	74	1.8	光黒	3	0.1	小八豆	3	0.1	つるのこ大豆	0	0.0	その他	29	0.7			0.0			0.0			0.0			0.0
東北	岩手	4,020	リュウホウ	2,022	50.3	ナンブシロメ	1,472	36.6	スズカリ	77	1.9	ミヤギシロメ	32	0.8	コスズ	29	0.7	シュウリュウ	27	0.7	岩手みどり	18	0.5	ユキホマレ	11	0.3	黒千石	9	0.2	おおすず	9	0.2
東北	宮城	10,000	ミヤギシロメ	4,390	43.9	タンレイ	2,610	26.1	タチナガハ	2,370	23.7	あやこがね	370	3.7	すずほのか	110	1.1	きぬさやか	60	0.6	その他	90	0.9			0.0			0.0			0.0
東北	秋田	7,300	リュウホウ	6,953	95.2	おおすず	119	1.6	コスズ	81	1.1	すずさやか	61	0.8	あきたみどり	40	0.5	秋試緑1号	24	0.3	その他	22	0.3			0.0			0.0			0.0
東北	山形	4,980	エンレイ	2,186	43.9	里のほほえみ	1,464	29.4	リュウホウ	625	12.6	秘伝	215	4.3	越後みどり	107	2.1	あやこがね	83	1.7	すずかおり	70	1.4	タチユタカ	51	1.0	青端豆	22	0.4	黒神	9	0.2
東北	福島	1,710	タチナガハ	800	46.8	あやこがね	395	23.1	スズユタカ	120	7.0	ふくいぶき	15	0.9	コスズ	7	0.4	おおすず	4	0.2	すずほのか	1	0.1	その他	368	21.5			0.0			0.0
関東	茨城	3,920	タチナガハ	2,354	60.1	納豆小粒	1,321	33.7	ハタユタカ	214	5.5	里のほほえみ	11	0.3	その他	20	0.5			0.0			0.0			0.0			0.0			0.0
関東	栃木	2,320	里のほほえみ	1,190	51.3	タチナガハ	1,040	44.8	納豆小粒	89	3.8	その他	1	0.0			0.0			0.0			0.0			0.0			0.0			0.0
関東	群馬	322	タチナガハ	200	62.1	ハタユタカ	60	18.6	オオツル	22	6.8	その他	40	12.4			0.0			0.0			0.0			0.0			0.0			0.0
関東	埼玉	629	タチナガハ	409	65.0	白光	64	10.2	青山在来	47	7.5	借金なし	21	3.3	エンレイ	16	2.5	さとういらず	13	2.0	行田在来	12	1.9	ミヤギシロメ	11	1.7	里のほほえみ	10	1.5	青大豆	7	1.1
関東	千葉	802	フクユタカ	388	48.4	タチナガハ	93	11.6	タマホマレ	60	7.5	在来種	55	6.9	サチユタカ	44	5.5	ヒュウガ	44	5.5	その他	118	14.7			0.0			0.0			0.0
関東	東京	3	その他	3	100.0			0.0			0.0			0.0			0.0			0.0			0.0			0.0			0.0			0.0
関東	神奈川	39	津久井在来	38	97.4	その他	1	2.6			0.0			0.0			0.0			0.0			0.0			0.0			0.0			0.0
関東	山梨	224	あやこがね	61	27.2	ナカセンナリ	49	21.9	あけぼの大豆	20	8.9	その他（アオダイズ等）	94	42.0			0.0			0.0			0.0			0.0			0.0			0.0
関東	長野	2,050	ナカセンナリ	1,464	71.4	すずほまれ	165	8.0	タチナガハ	125	6.1	ギンレイ	85	4.1	つぶほまれ	82	4.0	信濃黒	18	0.9	すずろまん	10	0.5	その他	101	4.9			0.0			0.0
関東	静岡	345	フクユタカ	294	85.2	その他	51	14.8			0.0			0.0			0.0			0.0			0.0			0.0			0.0			0.0
北陸	新潟	5,170	エンレイ	4,822	93.3	あやこがね	160	3.1	里のほほえみ	80	1.5	タチナガハ	44	0.9	さといらず	19	0.4	青豆	15	0.3	コスズ	9	0.2	岩手みどり	8	0.2	ミヤギシロメ	7	0.1	一人娘	2	0.0
北陸	富山	4,490	エンレイ	3,524	78.5	シュウレイ	650	14.5	オオツル	199	4.4	その他	117	2.6			0.0			0.0			0.0			0.0			0.0			0.0
北陸	石川	1,500	エンレイ	1,006	67.1	里のほほえみ	321	21.4	あやこがね	116	7.7	フクユタカ	43	2.9	コスズ	8	0.5	大浜大豆	6	0.4			0.0			0.0			0.0			0.0
北陸	福井	1,440	里のほほえみ	1,100	76.4	エンレイ	240	16.7	青大豆	17	1.2	あやこがね	17	1.2	オオツル	8	0.6	その他	58	4.0			0.0			0.0			0.0			0.0
東海	岐阜	2,930	フクユタカ	2,843	97.0	タチナガハ	50	1.7	黒豆	14	0.5	アキシロメ	13	0.4	中鉄砲	8	0.3	ツヤホマレ	2	0.1			0.0			0.0			0.0			0.0
東海	愛知	4,250	フクユタカ	4,250	100.0			0.0			0.0			0.0			0.0			0.0			0.0			0.0			0.0			0.0
東海	三重	4,260	フクユタカ	4,196	98.5	すずおとめ	30	0.7	在来種（美里、友田）	19	0.4	タマホマレ	8	0.2	黒大豆	7	0.2			0.0			0.0			0.0			0.0			0.0
近畿	滋賀	6,060	フクユタカ	1,927	31.8	ことゆたか	1,483	24.5	オオツル	1,273	21.0	タマホマレ	621	10.2	早生黒	427	7.0	丹波黒	216	3.6	エンレイ	29	0.5	その他	84	1.4			0.0			0.0
近畿	京都	373	新丹波黒	240	64.3	オオツル	57	15.4	サチユタカ	22	5.9	タマホマレ	13	3.4	エンレイ	8	2.2	京白丹波	4	1.2	その他	28	7.6			0.0			0.0			0.0
近畿	大阪	15	タマホマレ	9	60	サチユタカ	3	20.0	丹波黒	2	13.3	フクユタカ	1	6.7			0.0			0.0			0.0			0.0			0.0			0.0
近畿	兵庫	2,700	丹波黒	1,438	53.3	サチユタカ	708	26.2	こがねさやか	140	5.2	夢さよう	132	4.9	早生黒	51	1.9	タマホマレ	34	1.3	あやこがね	14	0.5	その他	183	6.8			0.0			0.0
近畿	奈良	173	サチユタカ	52	30.0	丹波黒	31	17.8	あやみどり	2	1.3	その他	88	51.0			0.0			0.0			0.0			0.0			0.0			0.0
近畿	和歌山	33	タマホマレ	12	36.4	丹波種	4	12.1	鶴の子大豆・丹波黒	1	3.0	その他	16	48.5			0.0			0.0			0.0			0.0			0.0			0.0
中国・四国	鳥取	706	サチユタカ	538	76.2	タマホマレ	89	12.6	黒大豆	21	3.0	すずこがね	10	1.4	その他	48	6.8			0.0			0.0			0.0			0.0			0.0
中国・四国	島根	969	サチユタカ	626	64.6	タマホマレ	179	18.5	フクユタカ	79	8.2	黒大豆	40	4.1	はつさやか	9	0.9	つぶほまれ	4	0.4	トヨシロメ	1	0.1	シュウレイ	2.0	0.2	その他	29.0	3.0			0.0
中国・四国	岡山	1,730	丹波黒	1,150	66.5	サチユタカ	276	16.0	トヨシロメ	177	10.2	タマホマレ	51	2.9	青大豆	33	1.9	その他白大豆	43	2.5			0.0			0.0			0.0			0.0
中国・四国	広島	660	サチユタカ	472	71.5	あきまろ	177	26.8	アキシロメ	11	1.7			0.0			0.0			0.0			0.0			0.0			0.0			0.0
中国・四国	山口	764	サチユタカ	593	77.6	フクユタカ	126	16.5	のんたぐろ	17	2.2	その他	28	3.7			0.0			0.0			0.0			0.0			0.0			0.0
中国・四国	徳島	68	フクユタカ	68	100.0			0.0			0.0			0.0			0.0			0.0			0.0			0.0			0.0			0.0
中国・四国	香川	104	フクユタカ	62	59.6	香川黒1号	36	34.6	はつさやか	6	5.8			0.0			0.0			0.0			0.0			0.0			0.0			0.0
中国・四国	愛媛	322	フクユタカ	293	91.0	タマホマレ	8	2.5	その他	21	6.5			0.0			0.0			0.0			0.0			0.0			0.0			0.0
中国・四国	高知	99	フクユタカ	99	100.0			0.0			0.0			0.0			0.0			0.0			0.0			0.0			0.0			0.0
九州	福岡	8,100	フクユタカ	7,982	98.5	すずおとめ	70	0.9	クロダマル	23	0.3	むらゆたか	16	0.2	キヨミドリ	9	0.1			0.0			0.0			0.0			0.0			0.0
九州	佐賀	8,670	フクユタカ	7,510	86.6	むらゆたか	1,150	13.3	その他	10	0.1			0.0			0.0			0.0			0.0			0.0			0.0			0.0
九州	長崎	464	フクユタカ	464	100.0			0.0			0.0			0.0			0.0			0.0			0.0			0.0			0.0			0.0
九州	熊本	2,050	フクユタカ	1,997	97.4	すずおとめ	29	1.4	クロダマル	14	0.7	むらゆたか	6	0.3	すずかれん	3	0.1	その他	1	0.0			0.0			0.0			0.0			0.0
九州	大分	1,630	フクユタカ	1,384	84.9	トヨシロメ	144	8.8	クロダマル	60	3.7	すずおとめ	35	2.1	むらゆたか	1	0.1	その他	6	0.4			0.0			0.0			0.0			0.0
九州	宮崎	266	フクユタカ	238	89.5	キヨミドリ	28	10.5			0.0			0.0			0.0			0.0			0.0			0.0			0.0			0.0
九州	鹿児島	276	フクユタカ	263	95.3	すずおとめ	7	2.5	すすかれん	5	1.8	その他	1	0.4			0.0			0.0			0.0			0.0			0.0			0.0
	総計	131,600	フクユタカ	34,507	26.2	ユキホマレ	12,118	9.2	エンレイ	11,831	9.0	リュウホウ	9,600	7.3	タチナガハ	7,485	5.7	ミヤギシロメ	4,439	3.4	里のほほえみ	4,176	3.2	おおすず	4,064	3.1	ユキシズカ	3,791	2.9	サチユタカ	3,334	2.5

出典：農林水産省　資料：政策統括官付穀物課調べ

した。また、代表的な「在来品種」の特徴を、左の表2に示しました。

他方、「在来品種」以外の品種は、現在国内の農産物の大半を占めるといわれる「F1品種（※1）」と考えそうですが、穴井教授は「大豆にはF1品種がない」と言い切ります。

「大豆はイネ、コムギと同様に自殖（※2）性植物です。花が咲く前日と咲いた直後ではおしべの長さが変わります。前日はめしべよりおしべが下にあり、一晩の間にめしべを通り越し、その際に擦れ、受粉します。この構造で他品種を交配させることは極めて難しい。仮に開花前日におしべを全部抜くことに成功し、ひとつの花に受粉させても、最大で種は三、四つできるのみ。手間の割に生産性が低く、非常に効率が悪いのです」

収量が多く、あらゆる食材に適しているからこそ、近代品種は広く生産される。

一般的に、大豆の「在来品種」以外は、「近代品種」または「育成品種」と呼ばれ、主に「交雑育種法（※3）」により品種改良されてきたと言います。

「明治期以降に大豆1品種をつくるための平均育成年数は、かつては15～20年程かかっていました。しかし近年は温室を使い育成年数を短縮し、10年以内に新たな品種をつくれるようになりました」（穴井教授）

P40表1を見ると、いわゆる大豆の主要産地である北海道、東北、九州には「在来品種」が少ないことがわかります。理由は広大な面積があり、量産するのに適した「近代品種」の生産に向いているからです。「近代品種のもうひとつの特長は、オールラウンドプレーヤーであること。豆腐、煮豆、味噌用と、どんな大豆加工品にも適応できます」（穴井教授）

※1 性質の異なる2種の原種をかけあわせることで生まれる、両親よりも優良な性質を持つ、新品種の1代目のこと

※2 ひとつの花におしべとめしべがあり、自家受精による生殖をする

※3 性質の異なる品種をかけあわせ、多様な雑種集団を形成し、そこから優良品種を選抜する方法

表2 代表的な在来品種大豆の特徴

品種（産地）	特徴
納豆小粒（茨城、栃木）	・小粒の納豆専用大豆 ・糖質が多く、納豆用の原料としては最高級 ・主に栃木、茨城県で栽培されている在来種
津久井在来（神奈川）	・粒はやや楕円でおおむね褐色 ・大粒でタンパク質が低く、糖質が高い ・味噌、納豆やきな粉など加工品に適している
借金なし（埼玉）	・やや小粒だが豆の甘みが強い ・借金を返し終える（＝なし終える）ほど、多収穫 ・煮豆や味噌が合う
さとういらず（さといらず）（秋田、新潟、埼玉）	・その名のとおり、砂糖がいらないくらい甘みがある ・新潟では雪が降る頃に刈取りが行われ非常に手間がかかる
秘伝（山形）	・大粒の青大豆で味、香りが良い ・晩生種で枝豆、大豆両方で食される ・豆腐、味噌など地元山形では高級品
青山在来（埼玉）	・埼玉県小川町青山地区が原産 ・青大豆で甘み、旨みが強い ・「赤花」と「白花」の二つのタイプがある
大浜大豆（石川）	・大粒で中央部の裂けたヘソ（目）が大きい ・香りが強く舌触りや風味が良い ・豆腐に加工したときクリーミーな食感

「丹波の黒豆」に見る「在来品種」の「進化」

「在来品種」の特徴を語る際、穴井教授が例として取り上げたのは、通称「丹波の黒豆」と呼ばれる『丹波黒』でした。「『丹波黒』は粒が大きく甘みもある高級大豆ですが、現在の生産者にとって〝いい大豆〟の条件である、収量の多さ、栽培のしやすさなどは、正直あまりありません。枝が箒のように横に張って大きくなり（写真）、風が吹いたら折れたりひっくり返ったりします。また、収穫も手作業が必要で、収量は少なめです。そして一般的な大豆は開花から70日程度で成熟するのですが、『丹波黒』は100日程度かかります。また種が大きいので、土から芽が出るときに双葉がひっかかって、途中で折れることもあるそうです」

しかしその「在来品種」ならではの長所は選抜を繰り返すことで更に「進化」しており、その特徴が最もわかるのが『丹波黒』だと言います。「『丹波黒』にもたくさんの系統があり、系統に番号を付け、分別しています。特定の品種に対して長期間記録が残っているものは、非常に珍しいです」

農林水産省や県の機関が産地、系統名、種の重量、断面、育ち方、百粒重（※4）などの推移を記録（表3参照）。数字を見ると、1950年の百粒重は47グラムですが、1992年は81グラムになっています。平均的な品種の黄大豆が30グラムなので、かなり大粒です。「おそらく江戸時代の『丹波黒』と比べると、とても美味しく、しかも大きくなっていると想像できます」（穴井教授）

穴井教授の話は、「在来品種」「近代品種」どちらの方がいいという単純なものではありませんでした。「在来品種」はその特徴を活かしながら着実に「進化」し、地域活性に貢献したりします。一方「近代品種」は、私たちの食卓に欠かせない豆腐、納豆、味噌、豆乳など安定供給してくれます。消費者、生産者とも異なる、研究者としての視点は、改めて私たちに身近な食や自然の原点について、考えさせられるものでした。

※4 無作為に大豆を100ずつ採取して、重量を測定し、その平均値を求めること

丹波黒の作物的特性

- 晩生で、蔓（つる）化しやすい
- 草姿は大きく、開帳型で枝折れしやすい
- 日照に応じた葉の調位運動はほとんど見られない
- 結莢率（けっきょうりつ：花が咲いた後、莢〈さや〉になる割合）が低い

「丹波黒」には「近代品種」のような収量の多さ、栽培のしやすさはないが、「進化」した品質により、付加価値の高い大豆として生産、地域特産としても注目される

表3 「丹波黒」百粒重の推移

年次	文献	産地	系統名	百粒重(g)
1950	農林水産省「大豆品種特性表」	兵庫	—	47
1950	永田「兵庫農大紀要」	多紀郡，京都	—	45～66、40
1953	「但馬分場成績書」	和田山	—	42
1960	川上「農業及園芸」	和田山	—	60
1976	「但馬分場成績書」	多紀郡	—	60
1978	「但馬分場成績書」	多紀郡	—	50～60
1979	「大豆供励会調書」	多紀郡	—	66、64
1985	「但馬分場成績書」	篠山、和田山	—	75、74
1987	「但馬分場成績書」	篠山、和田山	—	86、74
1988	「但馬分場成績書」	和田山	兵系黒2号	79
1989	「但馬分場成績書」	和田山	兵系黒3号	72
1990	「但馬分場成績書」	和田山	兵系黒3号	56
1991	「但馬分場成績書」	和田山	兵系黒3号	59
1992	「但馬分場成績書」	和田山	兵系黒3号	81
1994	「北部農技センター成績書」	和田山	兵系黒3号	78

約50年で粒の重さは約2倍にまで変化した

有機もち米に秘められた
おいしさを「醸造」という
日本古来の伝統技術で
引き出したのが
三河本格仕込み
有機三州味醂です。

国内産米
有機本格
仕込み

500mℓ角びん

三河本格仕込み有機三州味醂は、より自然な栽培方法の原料を求め、
昔ながらの蔵の中で季節の移り行くままに素材の持ち味を大切に醸しました。

原料を自然の中からみりんの原料はもち米、米こうじ、本格焼ちゅうだけ。すべての原料米が自然環境の循環を考慮した有機農法で栽培されています。自然の生態系の中で育てられたお米、これが全ての原料です。

時を越えて「醸造」は、人の力の及ばない微生物の働きです。気候風土に恵まれた本場三河で、創業以来みりん造り一筋の蔵の中で醸される「米こうじ」によって「もち米のおいしさ」が引き出されます。

二百余年　伝承の技で蒸したもち米と、米こうじを焼ちゅうといっしょに仕込み、長期間の醸造熟成を経てみりんとなります。「もち米」のおいしさを「醸造」という「伝承の技」のみで引き出したのが「本格みりん」です。

お米の美味しさご飯を口に含んで噛めば噛む程に「甘さ」と「旨み」が増してきます。みりんはお米を時間をかけて醸造しています。だから、みりんの「甘さ」や「旨み」もすべてご飯と同じ「自然のおいしさ」です。

醸造元
美吉野 みりん一筋
株式会社 角谷文治郎商店
http://www.mikawamirin.com/
〒447-0843　愛知県碧南市西浜町6丁目3番地　TEL0566-41-0748（代表）　FAX0566-42-3931

特別大豆対談

柳本勇治
株式会社だいずデイズ代表取締役社長

服部幸應
服部栄養専門学校理事長・校長

文｜鈴木朝美　写真｜上原タカシ

「日本の大豆の未来を考える」

食育の観点から、大豆を重要な食材ととらえる服部幸應氏。
ヒットさせた「有機蒸し大豆シリーズ」を中心に、大豆食を啓蒙して
いきたい、だいずデイズ代表取締役の柳本勇治氏。
大豆の未来を熱く見つめる二人の対談が実現しました。

尊敬する服部先生との始めての対談とあって、緊張した面持ちの柳本社長。でも、語る思いは熱い

国産大豆を使った大豆食品の定着化を

服部幸應　だいずデイズさんは、大豆加工食品の会社でしたね。大豆は私が関わる食育の観点からも、重要な食材です。

柳本勇治　当社は日本で初めてレトルト煮豆を開発した株式会社マルヤナギ小倉屋の子会社として、2012年に設立しました。「蒸し大豆」など、国産の大豆を使った加工食品を手がけています。

服部　日本は大豆の自給率がとても低い。約93%を輸入に頼っています。GMO（遺伝子組み換え食品）の問題からも、国産大豆にこだわるのは大切なことです。

柳本　親会社も含めると、大豆を中心に国産の豆原料を年間約1800トン扱っています。当社は明日の日本の食文化の発展の一翼を担っていくという高い志を持って、大豆食品を広く定着させていきたいと考えています。

若い世代に大豆の魅力をもっと広めたい

服部　そもそも日本人は昔から大豆を食生活に上手に摂り入れてきました。かつて、江戸時代に飛脚の脚力に驚いた宣教師たちが、さらに力をつけさせるために、大豆の代わりに肉を食べさせたところ、体力が落ちてしまい、これまでのように走ることができなくなったという逸話があります。大豆たんぱくが飛脚の強靭な身体を育んでいたことがよくわかります。アミノ酸スコアだけを見ても、大豆は肉と同じ100とされており、その上大豆は日本人の体質にとても合った食材であることに違いありません。

柳本　食生活が欧米化し、米の消費量が減少していくなかでも、大豆の消費量は比較的維持されています。それは、味噌や醤油などと加工の方法が多様で、食べ方が多岐に渡る食材であることと、大豆たんぱくやイソフラボンなどの栄養価が高いことが、広く知られてきたからだと考えられます。

服部　大豆の研究も盛んですね。大豆の魅力はとても深く可能性がいっぱいある。健康志向が高まっている現在、大豆の地位が揺らぐことはないと思いますが、消費量を見ると若い世代の消費が少ない。

柳本　年配層と比較すると、2／3以下という統計があります。当社では、もっと若い人や子供たちに大豆を食べてもらいたいという想いがあります。ですから、若い人のニーズに合った商品を提案し、大豆の本当の美味しさを伝えたい。また、大豆がとても体に良い食べ物だということをもっと理解していただくための活動も、大切だと考えています。

特別大豆対談　柳本勇治　服部幸應

「日本の大切な食文化として　もっと意識していくべき」

蒸し大豆は美味しさが閉じ込められたまま

服部　御社の「蒸し大豆」をいただきましたが、これ、本当に美味しいですね。隣にある水煮大豆と、美味しさがぜんぜん違う。

柳本　水煮だと、ゆでたときに大豆の旨味や栄養が水に溶け出してしまいます。その点、蒸し大豆は蒸しているので旨味成分が流れ出るのを最小限に抑えられます。栄養も閉じ込められたままです。

服部　こうやって食べ比べると、よくわかります。

柳本　神戸の学校給食で大豆ご飯に使用する大豆を、水煮から蒸し大豆に変えてみたところ、それまで人気のなかった大豆ご飯が、人気メニューに選ばれたそうです。美味しい大豆でつくると、子供たちもしっかり食べてくれるようになります。

服部　子供たちには、大豆の本当の美味しさや魅力を知らせる必要があります。それはとてもいいきっかけになりましたね。

有機農業を応援　有機蒸し大豆シリーズ

服部　御社で製造する「蒸し大豆」の大豆は、原則として有機JAS認証を取得したものですね。

柳本　お客様からの強いご要望があったので、商品化しました。でも原料調達が難しく、日本中を探し歩いて、やっと北海道で見つけました。

服部　何が違うのですか？

柳本　「トヨムスメ」という品種なのですが、大粒で糖度が高いのが特徴です。商品化に十分な量が確保できる美味しい有機大豆を見つけるのが、とても難しかった。

服部　日本はまだまだ有機農業に対する認識が低い。国ももっと普及や啓蒙に力を入れるべきです。

柳本　自分たちのつくる商品は、子供たちに胸をはって提供できるものでなければならないと思い、有機栽培豆シリーズをつくっていますが、有機農業を広めるためにはいい商品をたくさん生産し、できるだけ買いやすい価格で届けるようにしないといけません。特に子供たちに慣れ親しんでもらえれば、もっと消費は伸びる。我々は親会社も含め、慣行栽培と有機栽培の両方を見てきたので、有機農業の難しさがよくわかります。でも、同時に有機の素晴らしさも知ったので、有機蒸し大豆を中心に、有機蒸し豆シリーズの拡大を続けていきたいと考えています。

服部　食の安全のためにも、とても意味のあることです。

オーガニックの推進に尽力している服部先生。有機農業の話には自然と熱がこもる

「若い世代に大豆の価値を知ってもらうための活動を」

蒸し大豆の美味しさに「手が止まらない」と服部先生。柳本社長はその様子に、嬉しさが隠せません

日本人に改めて大豆食文化を

服部　日本人は大豆をさまざまな形に変えて食に取り入れている。ここまで変化する食材はほかにないと言ってもいい。大豆の可能性はもっと注目されるべきだし、日本の素晴らしい食文化として、もっと意識していくべきです。

柳本　逆に近頃では、欧米の方が大豆をよく食べるようになりました。醤油、豆乳、ベジミートなども人気です。日本人こそもっともっと大豆を食べないといけません。

服部　時代に合わせた大豆の食べ方を提案していかないと。そうしたことを、御社で何か取り組んでいますか？

柳本　蒸し大豆と水煮大豆の食べ比べ試食販売を全国で実施し、200万人以上の方に食べていただきました。また、大豆の料理教室も50回以上行いました。食べてもらう、知ってもらうことが重要だと、できる限りの啓蒙活動を行っています。

服部　節分とか歳時記に合わせた活動をする方法もあるのでは？

柳本　食育月間である6月の4日が「蒸し豆の日」と認定されました。これを機に蒸し大豆をたくさん流通することができました。でも、もっとみなさんに食べていただく機会を増やしながら、美味しい大豆を使った新しい大豆食文化をつくっていくことが、わたしたちの仕事だと考えています。

服部　わたしも食文化に影響のある人たちに、大豆の素晴らしさを伝えていかないといけませんね。

柳本勇治 Yuji Yanamoto

株式会社だいずデイズ代表取締役社長。株式会社マルヤナギ小倉屋のグループ会社として、2012年、蒸し大豆を中心とした大豆加工食品専門「株式会社だいずデイズ」の設立と同時に代表取締役社長に就任。

服部幸應 Yukio Hattori

学校法人服部学園理事長。服部栄養専門学校校長。医学博士。健康大使。日本食普及の親善大使。日本を代表する料理研究家の傍ら、近年は食育の必要性を広めるための活動に精力的に取り組んでいる。

もっと大豆を食べてほしい。

日本には米があり、そして大豆があった。5000 年前の日本ではすでに大豆は栽培され、煮豆・豆腐・納豆・枝豆・醤油・味噌と、地域の文化と密接に関わりながら大事にされてきた。ユネスコの無形文化遺産に和食が登録され、日本食が海外でもブームになったが、今の日本人の食生活は本当にこの 1000 年以上続く食文化を受け継いでいるのだろうか。家庭の食卓や学校給食でこの食文化が取り込まれているだろうか。最近、和食や大豆が好きではない子供が多いと聞いた。でもそれは、きっとおいしく提供できていないからで、子供はおいしくない料理が嫌いなだけだ。薄味で食材の味をいかした調理は、ずっと昔から日本人の健康を守り続けてきた。食材のもつ力を体に摂り入れる事が大切だ。

そう、私たちのからだは食べたものでできている。

大豆は手間がかかるから料理に使わないひとが増えているという。大豆は一晩水に漬けておかなければ調理できない。だから、世の中の大豆の主流は、いつの間にか水煮大豆にかわってしまった。水煮大豆は栄養成分が煮出され健康価値が少なくなっていて、食卓に摂り入れるベストな形とはいえない。

だから私たちは、「蒸し大豆」を作る。

袋を開けてそのまま食べられる蒸し大豆なら、調理の手間はかからない。水煮大豆と違って、蒸すことで栄養成分やおいしさを閉じ込めていて、大豆の健康価値をそのまま食べられるベストな食べ方だ。蒸し大豆を取り入れた給食メニューは、子供たちの人気ナンバーワンメニューになっているそうだ。

からだにいい大豆をもっとみんなに食べてもらいたい。

もともとはオーガニックではなく、国産大豆で蒸し大豆を作っていた。最も大切なのは「おいしい」ことだと考え、何種類もの品種を試作しては比較し、蒸し大豆に最も適した 1 品種に絞った。ある時、テレビ情報番組で私たちの蒸し大豆を見た食育活動家、料理研究家など専門家の方々から、アドバイスをもらった。蒸し大豆はすばらしいからもっと広めてほしい、でもせっかくだから有機大豆、無農薬の大豆でやってほしい、と。それがきっかけで、私たちははじめて日本の有機栽培大豆の現状を知った。日本の大豆の自給率はたった 7 %、その国産大豆のうち有機栽培は 0.49%。大豆の全体需要量 338 万トンに対し、有機栽培大豆は 1.2 トンしかないという現状だ（いずれも平成 27 年度実績）。お店で有機大豆を探してみると、有機水煮大豆が 300 円の価格で売られていた。量が少ないために物流コストや管理コストが割高になり、必要以上に高い価格になってしまっていると感じた。

もっと有機大豆を食べてもらいたいから。私たちが作る有機蒸し大豆がおいしければ、有機大豆を食べたい人が増え、農家の方がもっと有機大豆を作れるようになる。

供給量が上がればコストも下げられ、価格も下げられる。だからこそ、私たちは、オーガニックでも「本当においしい大豆」しか使わない。この有機蒸し大豆をもっと多くのひとに届けたい。そしてオーガニック業界をもっと元気にしたい。

私たちの挑戦は、まだ始まったばかりだ。

goodday, everyday
だいずデイズ

株式会社 だいずデイズ
〒658-0044　兵庫県神戸市東灘区御影塚町 4-9-21　TEL : 0800-100-8682（平日 9 ～ 17 時）
web : http://daizu-days.co.jp/　FB・Insta : @daizudays

大豆が注目される

現場

本書は、大豆がいかに素晴らしい食べ物かということを、
さまざまな角度から解き明かしているわけだが、
そんなことはとっくにわかっているとばかりに、
すでにあちこちで大豆は注目され、実際に生活現場で
その価値を生かした形で活用されはじめている。

例えば、アスリートの食生活に。
例えば、健康食品に。
例えば、食育に。
三者三様の、大豆が注目される現場を見てみよう。

TOPEAK
ERGON

SoyCarat
ソイカラ
オリーブオイル
ガーリック味
チーズ味

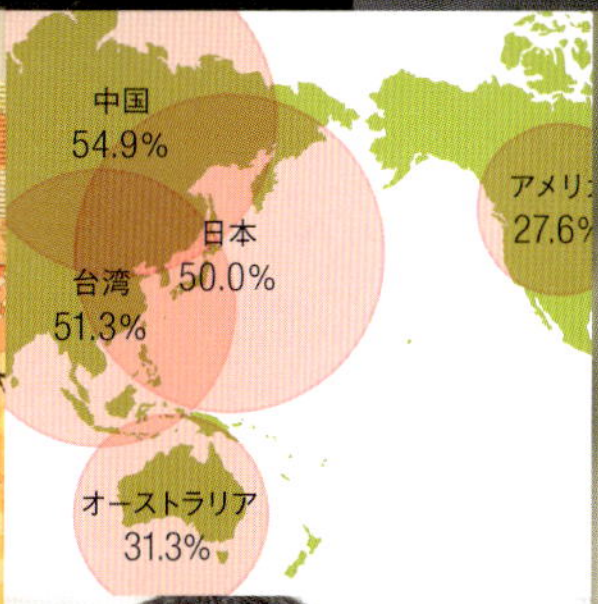
中国
54.9%
日本
50.0%
台湾
51.3%
オーストラリア
31.3%
27.6%

sparkling soy water
SOYSH
ソイッシュ

大豆が注目される

現場

アスリート編

取材・文｜野中真規子／藤田実子
写真｜鈴木拓也

© Sayako Ikeda

日本の伝統食で体質改善

パワーの源は肉ではなかった

プロマウンテンバイクアスリート
池田祐樹

アスリートフード研究家
池田清子

以前はジャンクフードや甘い物が大好きだったという池田祐樹さん。
5年前、年齢による代謝や体調の変化を機に、食生活を見直すことに。
妻の清子さんの協力も得て行き着いたのは、大豆を含む日本古来の食生活でした。
激しいトレーニングをも支える伝統食の魅力についてうかがいました。

© Sayako Ikeda

体質改善の成功が菜食生活をあと押し

以前は肉や乳製品など動物性の食品が大好きだった祐樹さん。

「ヨーグルト、生クリームが大好物。焼肉、ラーメンもよく食べていました。消費したカロリー分は何を食べても良いというスタンス。当時は、食事の質については意識が低かったですね」

食生活を見直したのは32歳のとき。代謝が落ち、体重のコントロールが必要になっただけでなく、喘息や花粉症を発症したり、医師に高血圧を指摘されたりしたこともきっかけに。プラントベース（菜食中心の食事）を実践していたチームメイトから、「体重を落とせる」「パフォーマンスが安定」と聞き、実践を決意。マクロビオティックの教室に通っていた清子さんが料理を工夫し、食生活を徹底的に改善していきました。

「効果をみるため、3ヶ月間は日本古来の一汁三菜を基本にした厳格な菜食に。食材は有機で無添加のもの、出汁にカツオを使うこともやめました」と清子さん。とはいえ、満足感が得られるよう、食べ応えのあるメニューを工夫。

「お陰で意外にストレスは感じなかったですね。そして、たった3ヶ月で喘息の発作が出なくなったことに驚きました」と祐樹さん。

地元・青梅で杉の木の山を走っていても花粉症が出ない、血圧も正常値にと体質が劇的に改善。体重は半年で3kg減でしたが、見た目には10kgくらい減った印象に。

「要はむくみが取れたのですが、〝スタミナは大丈夫？〟と心配する人も。でも、アメリカで行われた160km耐久レースで優勝して。食事を変えた結果、得るものがたくさんあり、今もほぼ菜食ベースの食事を続けています」

大豆のたんぱく質は疲労の回復に有効

「1日80kmを走る飛脚の食事が玄米と漬物、味噌汁のみだったという逸話がありますが、日本人の

池田祐樹　Yuki Ikeda

トピーク・エルゴンレーシングチームUSA所属。米プロバスケットボール協会（NBA）入りを目指してコロラド州の大学に留学中、マウンテンバイクに触れたのをきっかけに転身。2009年から6年連続MTBマラソン世界選手権日本代表として出場し、MTBの長距離、耐久レースの国内第一人者とされる。シングルスピード世界選手権の親善大使も務めている。

http://www.yukiikeda.net/

池田清子　Sayako Ikeda

モデル事務所でのマネージメント経験を生かして2013年より池田祐樹さんのマネージャーに。同年秋に結婚。アスリートフードマイスターの資格を取得し、パフォーマンスや減量など目的に応じたメニューの研究、レシピ開発を行う。またアスリートの気持ちを理解するため自らもランニングと筋トレを日課に。多数のレースにも参加。

http://ameblo.jp/sayakokitchen/

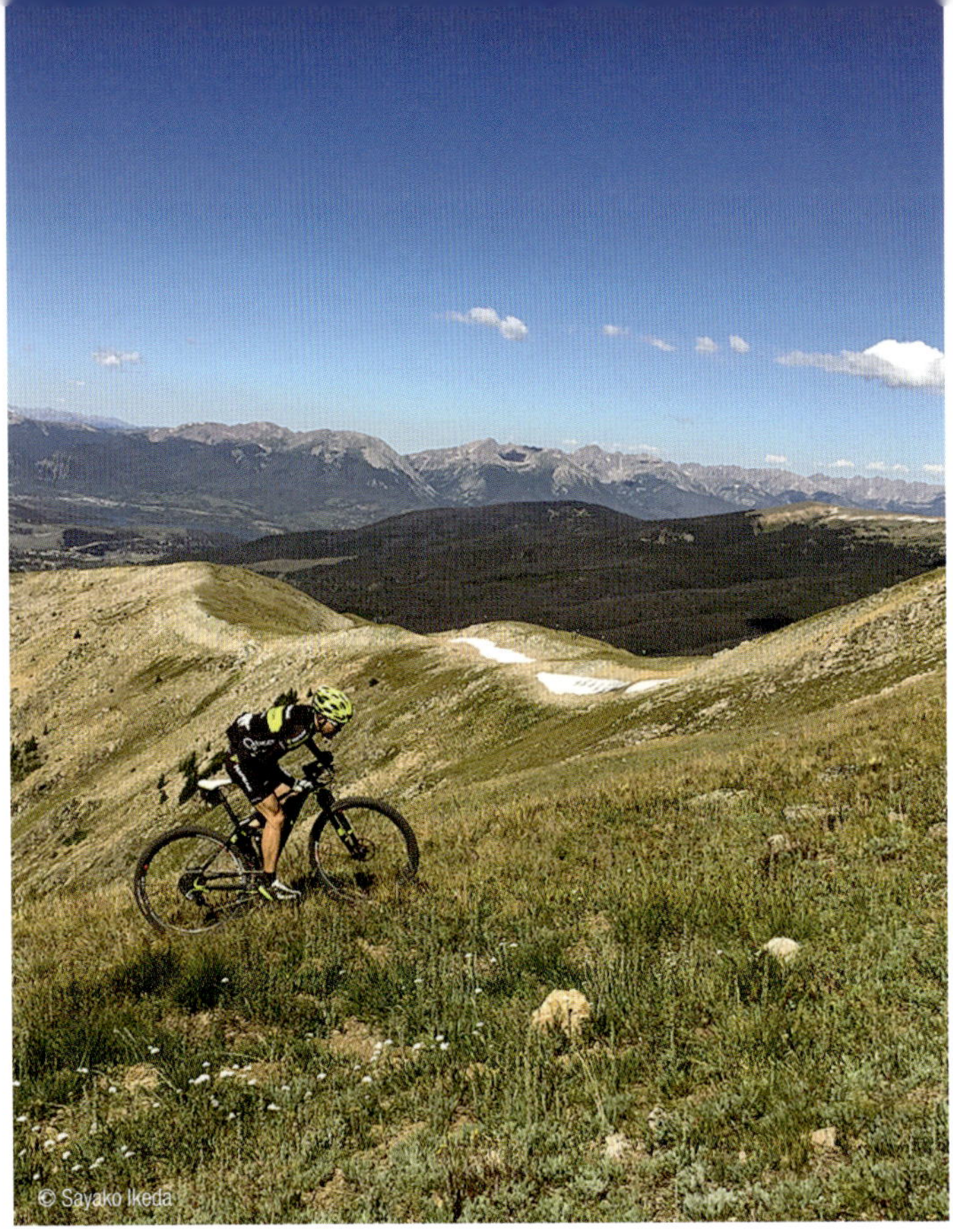

体質に合うのは植物性食材を中心とした食事なのではないかと思うのです」と話す清子さん。日本の昔からの知恵を大切に、アスリートフードにも応用しています。

「食べた物を消化する時は、血液が胃に集中し、エネルギーがいりますから、アスリートはできるだけ消化に負担のかからないものを摂り、エネルギーを無駄使いしないことも大切です。トレーニングをしていないときは、できるだけ体を休めたいですから。筋肉疲労のリカバリーにたんぱく質はとても有効ですが、肉類は消化に時間がかかります。となると、大豆が重要なたんぱく源なのです」

以前に、ヒルクライムの大会に参加した池田夫妻。宿泊先に菜食メニューを依頼し、結果は、夫婦ともにマウンテンバイク部門で優勝を飾りました。「大豆のリカバリー効果を身をもって証明できました」

無添加の発酵食品で腸内環境を整える

「味噌や納豆など発酵食品は体への負担が少ないうえ、腸内環境も整えてくれます」と清子さん。ただ、ヨーグルトなどの乳製品は、アレルギー誘発性物質が含まれているので、日本人が昔から親しんできた味噌や納豆などの発酵食品の方が体質に合うのではないかと清子さんは考えています。また、保存料や添加物不使用のものを選ぶことも重要なポイント。

「保存料は、腸の中の善玉菌を殺してしまうこともあって、せっかくの発酵食品も意味がないものになってしまいますよね」

トレーニングのためアメリカで生活していたときは、日本の伝統食品を入手するのは困難。価格も高かったので、オーガニックの大豆を買って味噌を仕込み、納豆も菌を培養して手作りしたそうです。

「腸を活性化させるには食べ方も大切です。食事の初めに温かい味噌汁やスープを口に入れて腸を活性化させます。食事中は、消化酵素が薄まるので、お茶や水を飲むのは極力避けた方がいいでしょう」

調理方法も簡単で多彩に楽しめる大豆

日本には豆があるからこそ菜食がしやすいという清子さん。

Breakfast

植物性栄養シェイクパウダー（1杯170kcal分）を水で溶き、グラノーラを混ぜる。バナナなどの果物を添えたり、冬はショウガを入れたりも。

Lunch

昼食は1日の中で一番重視している。切り干し大根入りの豆乳味噌ポタージュ、抗酸化作用のある濃い色の野菜を皮ごと使ったサラダに刻んだ納豆をトッピングしたもの、酵素玄米。

Dinner

消化の時間を考え、寝る2時間前には食べ終わるように。高野豆腐のから揚げをメインに、グリーンサラダ、具だくさんの味噌汁、漬物、酵素玄米。会話しながらゆっくり食べる。

池田祐樹さんのある1日のスケジュール

- **6:00** 起床
- **6:15** 朝食
- **8:00** トレーニングに出発
- **12:00** 帰宅
  （プロテインドリンクなど間食）
  自宅で軽く筋トレ後シャワー
- **13:00** 昼食
  昼食後、30分昼寝
  パソコン作業、レポートなど
  （お腹がすいたらプロテインドリンクなど）
- **18:30** 夕食
  食後、パソコンなどをせず、二人で話したりテレビを見てリラックス
- **21:30** 就寝

切り干し大根の豆乳味噌ポタージュ

鉄分豊富な切り干し大根を、ニンニクやセロリなどの香味野菜とともに、切り干し大根の戻し汁、白ワインで煮込み、豆乳と味噌を加える。切り干し大根は、いい出汁が出るので万能調味料的な役割を果たす。

刻み納豆と緑黄色野菜のサラダ

納豆をトッピングしたたっぷりの野菜を酸味のあるドレッシングで。運動後30分以内に糖質、たんぱく質、クエン酸を摂ると、体の疲れを引きずらず、有効にエネルギーを補給できるため、運動後の昼食に最適のメニュー。

高野豆腐の揚げ物

大豆のたんぱく質が凝縮した高野豆腐。水で5分ほど戻して水気を絞り、醤油だれやオイスターソースを使ったエスニック風味のたれなど、好みの味に15分ほど漬け、片栗粉をまぶして少量の油で揚げ焼きにする。冷めても美味。

具だくさんの味噌汁

季節の野菜や豆腐など具だくさんの味噌汁。消化に負担がかからないリカバリーフードという役割だけでなく、精神安定の効果も得られる。忙しいとき、海外遠征では、味噌をお湯に溶いて飲むことも。

間食 Drink

トレーニング後から帰宅してすぐ昼食を食べると胃に負担がかかるので、まず「植物性プロテイン」170kcal分を水に溶いて飲む。「甘いものが好きなので、おやつ代わりにカカオ味を飲むのが楽しみ。チアシードを入れると、腹持ちもいいです」

© Sayako Ikeda

「調理方法も多彩です。大豆は体を冷やす食品と言われますが、納豆、味噌などの発酵食品は冷えの影響を受けにくいんですよ」

　また、高野豆腐も常備しているそうです。「大豆の栄養が凝縮しているうえ、煮て良し、焼いて良し、揚げて良しと、使い勝手がとても良い伝統食品です。噛み応えがあり、肉のような食感になる高野豆腐は、満足感にもつながり、祐樹さんもとても気に入っているメニューです。乾物なので海外に持って行くのも便利ですし。必需品になっています」

　大豆そのものの料理は、フムスにして野菜につける、ポリフェノールを含んだ黒豆の煮もの、大豆と季節の野菜の玄米炊き込みご飯をおにぎりにして間食にと、和洋中多彩なレパートリーで楽しんでいます。

「調理で心がけるのは、皮も含めてできるだけ丸ごと食べること。その方が栄養バランスがとれるからです。また、ひとつの食材に頼りすぎないことも大切。たんぱく質は、大豆のほかヘンプやアボカドもよく使います。栄養素についてはまだまだ解明されていないこともあり、常識と思っていることでも覆されることがあるので、同じものばかり食べていると、まだ知られていない弊害が出るかも。何が体にいいとか悪いとか、情報があふれた時代なので、それを鵜呑みにするのではなく、自分で試して良ければ実践するという姿勢も大切です。食べ物による体の変化に敏感になって対処していくことは、アスリートだけでなく一般の人でも大切なことだと思います」

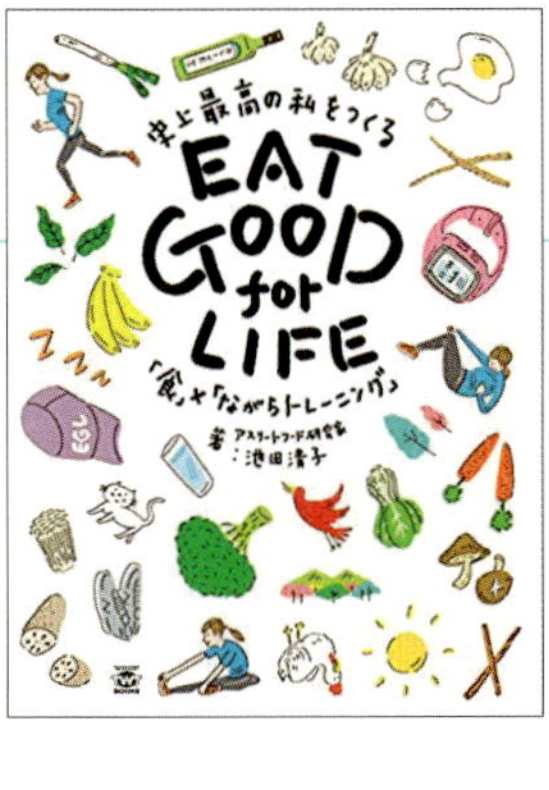

食の知恵、筋トレメニュー、レシピの3部構成でまとめられた、体づくりに役立つ1冊を清子さんが今年3月に上梓。発行／トランスワールドジャパン

大豆が注目される

現場

健康食品編

取材｜板谷 智／種藤 潤（OVJ）
写真｜野口昌克（P58-59 人物写真／P60 ソイッシュ）

身体にいいことづくめだからこそ
まるごと大豆にこだわった

大塚製薬株式会社

大豆ほど研究し甲斐のある食品はない。栄養価は満点で、そのまま食べてもいいし、
納豆や豆腐のように加工しても、豆乳のように飲むこともできる。
栄養の効能についても、まだまだ未知の部分があるという。
長年大豆を研究し、商品開発を続けている大塚製薬を訪ねた。

〈図1〉1日のタンパク質摂取量
（平成26年国民健康・栄養調査・栄養素等摂取量の平均値の年次推移）

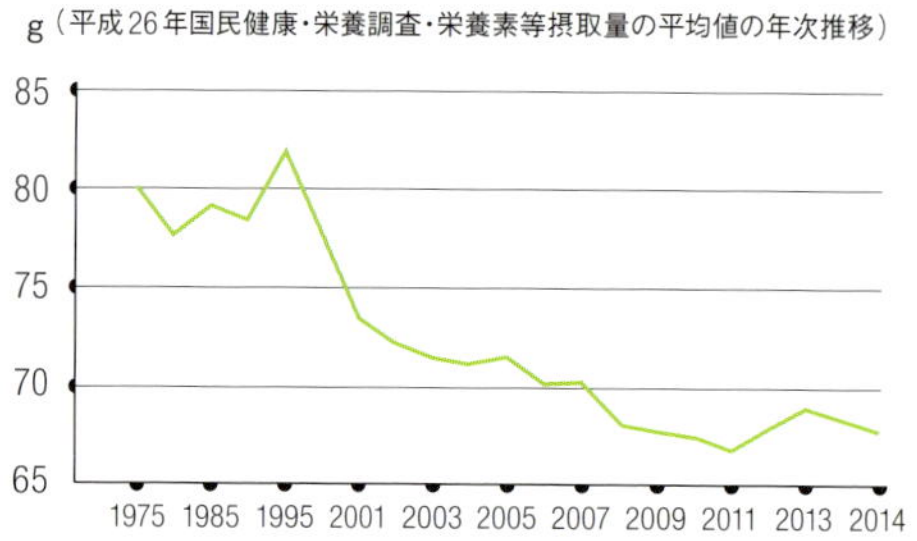

40年間で10g以上も減少している

〈図2〉1人あたりの1日の摂取量
（平成26年国民健康・栄養調査・栄養素等摂取量の平均値の年次推移）

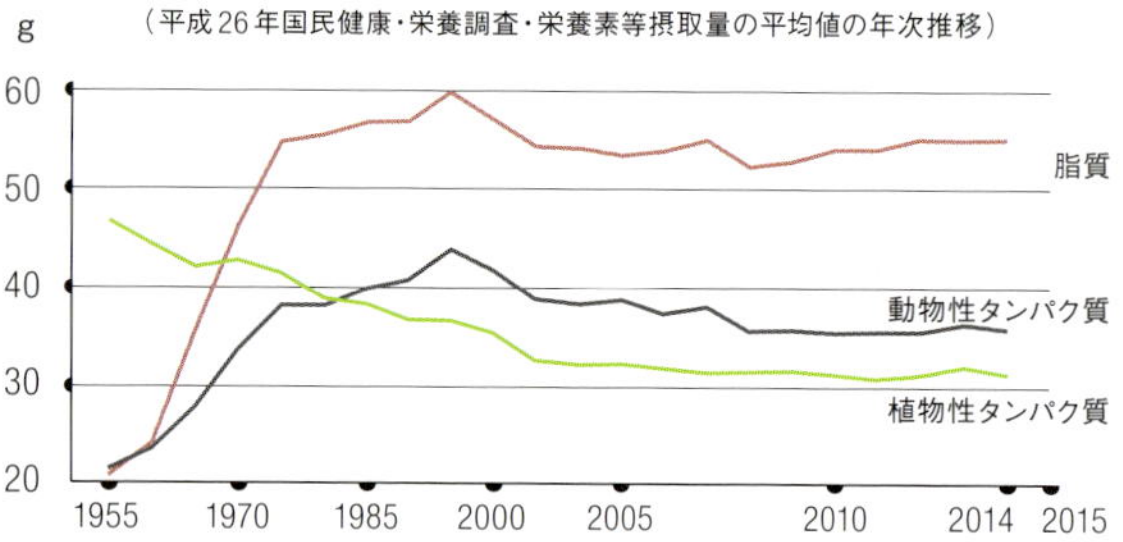

近年はほぼ平行線だが、植物性タンパク質が動物性タンパク質より5g強少ない

大塚製薬が大豆に注目したワケ

ポカリスエットやカロリーメイトのように、それまで世の中になかった独創的な製品を次々と生み出している大塚製薬。この大塚製薬が、早くから大豆の可能性に注目していたことはSoylution（ソイリューション）というプロジェクトを立ち上げていることからもわかります。Soylutionとは、Soy（大豆）＋solution（解決）から生まれた造語で、大豆で地球上の健康や環境問題に答えていこうというものだとか。

なぜ大塚製薬がそこまで大豆に注目しているのか、ニュートラシューティカルズ事業部でSoylutionプロジェクトを担当する田中拓野さんに伺いました。

「第一に大豆が持つ高い栄養価や機能性成分に大きな可能性を感じ、大豆の栄養をまるごと摂ることができれば人々の健康に貢献することができると考えたからです。昔から日本人の食卓には大豆食品が多く並んでいましたが、このことが日本が長寿国であることと関係があるのではないかと世界が注目しています。大塚製薬は、大豆が持つ未知の可能性を研究し、大豆食品の開発をし続けています」。

大豆離れが進み、摂取量は減少

タンパク質には肉や魚、卵や乳製品などに含まれる「動物性タンパク質」と大豆や豆類などに含まれる「植物性タンパク質」があります。昔から日本人の食卓には、味噌汁や納豆、豆腐など日常的に大豆食品が並んでいました。そのため、植物性タンパク質を多く摂っていたのですが、年々減少し続けています（図1、図2参照）。

田中さん曰く「タンパク質は、筋肉や骨、臓器、さらに皮膚や爪など、体のあらゆる組織を作る上で欠かせない栄養素です。植物性タンパク質は、動物性タンパク質に比べて脂肪が少ないんです。ど

田中拓野さん

健康の維持と増進のため、科学的な根拠をもった独創的な製品づくりをするニュートラシューティカルズ事業部の中で大豆を扱うSoylutionプロジェクトを担当

〈図3〉年代別の豆類摂取量の比較（1人1日当たり平均値）
（厚生労働省 平成27年国民健康・栄養調査）

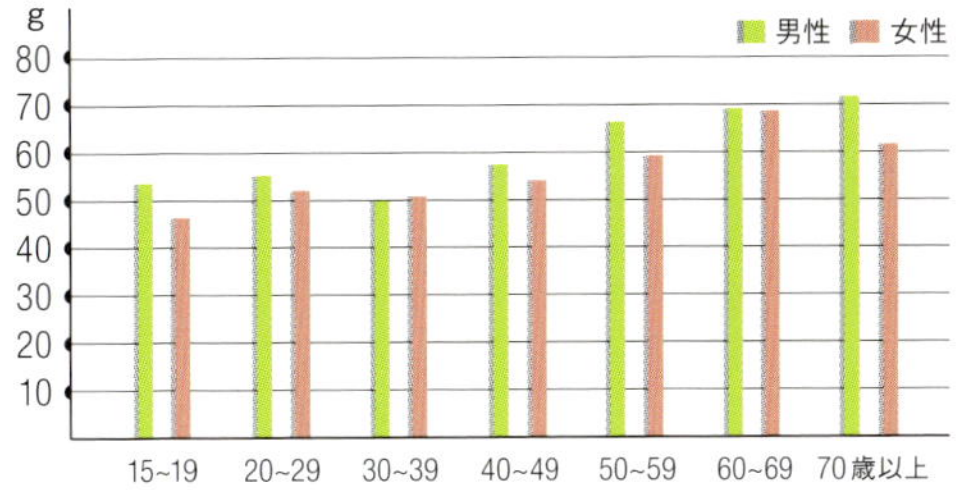

豆類摂取量の目標値は100g。若い世代は半分程度しかない

ちらか一方にかたよることなく、バランスよく摂ることが大切」とのこと。

また、大豆食品を日常的に多く食べる機会があった日本人に比べ、欧米人には大豆を食べるという文化はない、とも。実際、世界で生産される大豆量のわずか6％しか食用になっていません（※1）。

「日本人にはとても馴染みのある大豆の摂取量が減ってきた要因の一つは、食習慣の変化にあると言われています。日本は食が豊かである反面、生活習慣病など、飽食の時代だからこその不具合が増えてきています。一方で、大豆が多方面で健康に貢献するというデータはたくさんあります」と、大豆の重要性を田中さんは語ってくれました。

※1　出典「米国農務省統計」

今のライフスタイルに合わせた形を考える

大豆など豆類の摂取量が減っているのは若い世代ほど顕著です（図3参照）。しかし、かつての日本人とはライフスタイルが違います。田中さんは「もっと大豆を食べようと言うのは簡単ですが、食の欧米化や世界中の食べ物を味わうことができる今の日本で、かつてのような食生活に戻すことは厳しいでしょう」と指摘します。

そこで大塚製薬では、今のライフスタイルに合わせて、食卓から飛び出し、いつでもどこでも、気軽に食べられる形状を考案しました。バータイプの「ソイジョイ」がそれで、2006年に発売開始、大塚製薬の大豆食品第1号になりました。このソイジョイ1本で大豆約35粒分の植物性タンパク質、食物繊維、大豆イソフラボンなどの栄養がまるごと（※2）摂れます。

※2　うす皮を除く

2006年の発売開始以来、続々ラインアップが増え、今や12種類の「SOYJOY」

「ソイッシュ」は通信販売でのみ購入できる。左は2014年から発売開始した「ソイカラ」

豆乳嫌いでも飲める まるごと大豆飲料

大豆を飲むと言えば、それは豆乳が代表格。しかし「あの豆臭さが苦手という人もいるでしょう」と田中さん。「豆乳は、作る段階で食物繊維などが豊富に含まれている『おから』成分が失われてしまうというデメリットもありました」。

豆乳が苦手な研究者が開発したという「ソイッシュ」は豆臭くなく炭酸の入った大豆飲料。1本で、大豆約21粒分の栄養が「おから」成分まで含めてまるごと（※2）摂れるということです。

※2 うす皮を除く

五感で大豆を楽しむ ヘルシー大豆スナック

バー形状の「ソイジョイ」よりもっと気軽に楽しく、もっとヘルシーに、もっと幅広い年齢層に食べてもらえる大豆食品をと開発されたSoylution 第3弾は、サヤ状のスナックの中に小さな粒が2つ、振るとカラカラ音が鳴るスナック「ソイカラ」でした。この楽しさは小さいお子様もハマりそう。「食べるときまで割れることの無いようパッケージにも工夫があります」と田中さん。こちらは1袋あたり、大豆約50粒分の栄養が摂れます。

女性の健康にも大豆の チカラが効果を発揮

また、大塚製薬では、長年の大豆研究の中で、大豆のチカラが女性の健康維持にも大きく貢献することを発見しました。

大豆に含まれている大豆イソフラボンは、女性ホルモンに似た働きを持ち、健康や美容に大きな効果をもたらすと言われています。欧米人から見ると、日本人は大豆製品をよく食べるから「女性の更年期障害が軽い」とか「骨粗鬆症の発症率が低い」とか言われることもあったとか。

上野友美さん

大塚製薬 佐賀栄養製品研究所でエクオールの研究に最初から関わる。左は上野さんの勤務する大塚製薬 佐賀栄養製品研究所

〈図4〉各国でのエクオール産生者の割合

出典：日本女性医学学会雑誌，20:313-332，2012

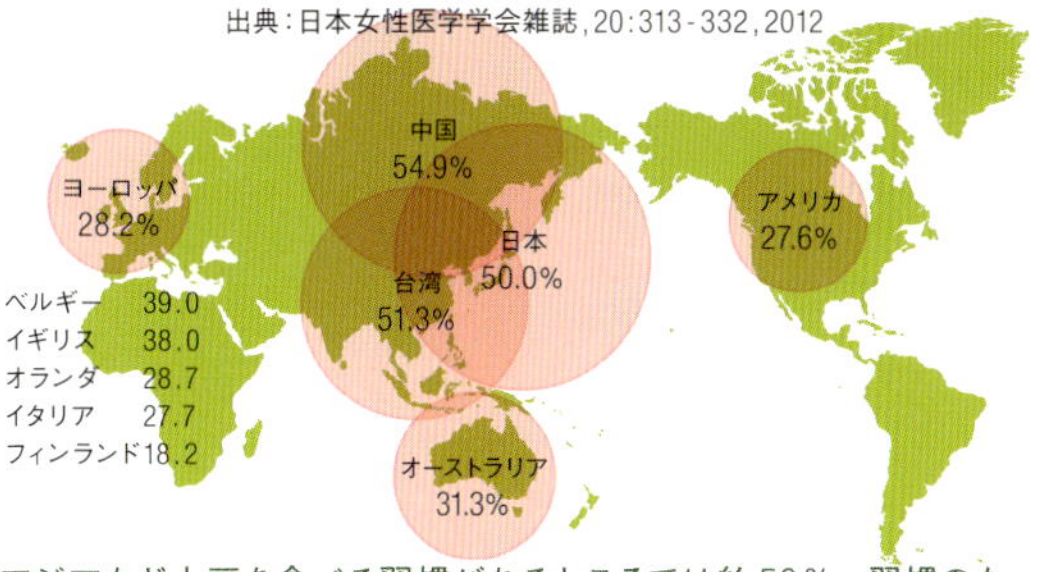

アジアなど大豆を食べる習慣があるところでは約50%。習慣のない欧米は20～30%になっている

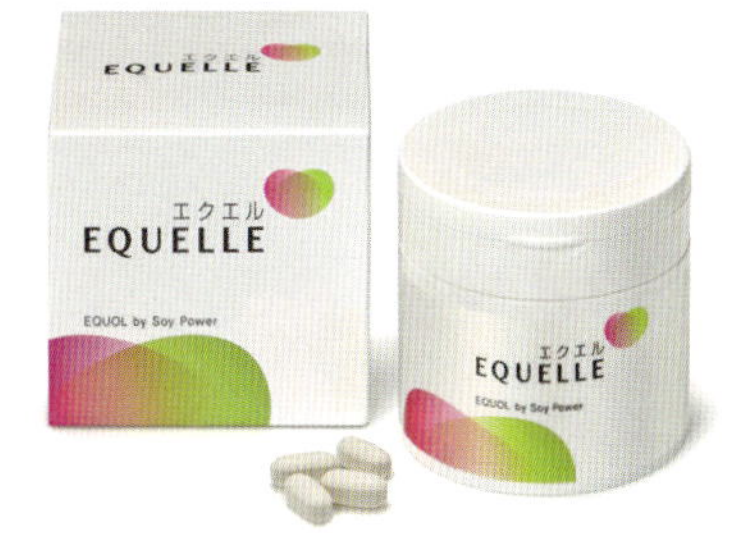

2014年、エクオール含有食品「エクエル」発売

大塚製薬の佐賀栄養製品研究所で研究員をしている上野友美さんは、1996年頃から大豆イソフラボンの研究を始めたとのこと。

「当時は大豆イソフラボンの情報などまだ少なくて。とにかくたくさんサンプルを集めて、成分をひたすら分析して研究しました」。

そして、研究の結果、更年期症状の予防に関係しているのは、大豆イソフラボンではなく、エクオールであることがわかったそうです。そのエクオールこそ、女性の健康の源だったのです。

エクオールを作れる人 作れない人

ところが、誰もがエクオールを作れるわけではありませんでした。「大豆を食べたとき、大豆の中のイソフラボンが腸内細菌と出会うことによってエクオールは作られるのですが、日本人でもエクオールが作れる人は二人に一人しかいませんでした。しかし、大豆を食べる習慣のない欧米では20～30%くらいと言われています（図4参照）」と上野さん。

「大豆製品を食べたり、大豆イソフラボンのサプリメントを飲んだりしても、効き目が実感できないという人は、その人自身がエクオールを作れないタイプだった可能性があります」。

エクオールの商品化と これからの大豆食品

エクオールが女性の体内で、女性ホルモンに似た働きをすることで、更年期症状を和らげたり、骨粗鬆症の予防をしたり、皮膚や血管の健康を保ったりと、特にミドルエイジの女性の健康維持に良い効果が期待されています。

2002年には、エクオールを作る腸内細菌が発見されました。「これによりエクオールそのものを食品化することができました。これを飲むことで、エクオールを作れない人でも、エクオールを補給できるようになりました」と上野さん。研究開始から商品化まで実に18年経っていました。

「粘り強く商品化の研究を続け、成果をきっちり出せたのは、失敗を恐れず、あきらめないという大塚製薬のポリシーの賜物」と上野さんは言います。

エクオールの発見に大豆の奥の深さも感じますが、「そもそも大豆は栄養価がとても高い食べ物。まるまる大豆を摂るだけでもいいことづくめなので、もっともっと大豆を食べましょう」と呼びかける大塚製薬の、次の大豆食品も楽しみになりました。

大豆が注目される

現場

食育編

取材｜杉村真理子　写真｜野口昌克

食育イベントでも、ダントツの大人気

おにぎりに見た大豆の価値

食育イベント

おにぎ隣人祭り

たんぱく質や脂質など、子供の成長に必要な栄養価が豊富な大豆は、「スーパーフード」として「食育」現場でも注目されている。1～3歳の子供を持つ親子を対象にした食育イベントを開催する団体『Foozit（フージット）』でも、“大豆”を使った企画は大人気だ。

大豆の料理づくりに夢中になる子供たち

卓上には、彩り鮮やかな大豆を中心とした食材が並びます。子供たちがうれしそうに自分のお皿に料理をよそう姿に、「自宅ではこんなに積極的に食事の準備に興味を示さないですけどね」と、お母さんたちの顔がほころんでいました。

2016年12月20日、東京都中央区にあるマンション「月島グロースリンクかちどき」敷地内で行なわれた「おにぎ隣人祭り」のテーマは、〝大豆〟。「ビーンズサラダFoozit（フージット）風」や「ひよい豆のカレー炒め」などのレシピを紹介。クリスマスにちなんで、正方形で焼いたミートローフを、かわいくくり抜いた野菜と一緒にツリーに組立てる方法なども提案していました。

参加したのは、1歳～3歳の子供を持つ、約10組の親子。ご飯をおにぎりの型にせっせと詰めたり、自分のお皿に大豆料理をよそう子供たちの表情は、真剣そのもの。ほとんどの子が残さず、しっかり座って食べていました。「普段は、すぐに集中力が途切れるのに」「いつもは食べ終わるまで、ちゃんと座っていられない」という驚きの声も目立ちました。

お母さんたちも大豆を積極的に取り入れる

たんぱく質や脂質、イソフラボン、サポニン、食物繊維などが豊富に含まれた大豆は、栄養価も抜

おにぎ隣人祭り

1歳～3歳の子供を持つ親子が対象。食育の体験や同世代の子供を持つ母親のコミュニケーションの場を提供したいというコンセプトで、東京都中央区勝どきを中心に、定期的に開催されている。地域情報を交換できるSNS「PIAZZA」やFoozit公式Facebookなどで、イベント情報を随時更新。

今回の講師は、栄養士の木村千代子さん（写真）。ご本人も2児の母。「少しでも親の負担にならないメニューの提案や、同じ地域に住む親のコミュニティーの場になればうれしいです。また、子供同士が同級生だけでなく、異年齢の縦のつながりを持ち、地域のいろんな子育て情報を共有する場になっていけばいいと思っています」。

かわいいにんじんの切り抜きなどに、子供たちは興味津々

群で消化も良好。必須アミノ酸のスコアも高く、いわば「スーパーフード」と言えます。特に、子供の成長期に欠かせない栄養素のひとつ、たんぱく質も豊富です。筋肉や骨や皮膚などの身体を構成する主成分になるので、食育にも重要な食材と言えます。今回のイベントに参加したお母さんからも、「子供は1歳半なので、食べられるもの、食べやすいものが限られています。そのなかで、栄養価の高い大豆製品を料理に取り入れることを常に考えています。料理にも頻繁に使用しています」との声が多く聞かれました。

大豆を使ったおにぎり ダントツの一番人気

さて、この「おにぎ隣人まつり」、主催者は、親子料理教室や食育イベントを企画運営し、子育て中の忙しい親が手早く作れて、栄養バランスにも考慮した工夫のメニューを紹介する団体、Foozit。毎月、「月島グロースリンクかちどき」を中心に料理イベントを開催しています。イベントでは、親子一緒に参加でき、旬の野菜や行事食といったテーマを取り入れています。

「おにぎ隣人まつり」は、そのなかの人気企画。参加者からは「2歳の子供がスプーンなどをまだうまく使えないこともあって、お米を食べさせるのにいつもおにぎりをつくっているので、このイベントに興味を持った」との声も。そして2015年には『「また食べたい！　食べて見たい！」おにぎりの具のアンケート』を実施したところ、大豆を使用したおにぎりがダントツ人気でした。その後も今回のように、大豆を使用したイベントを数回開催していると言います。

安全な大豆を提供する メーカーとコラボ

今回のイベントは、兵庫県神戸市にある有機蒸し大豆を中心に販売するメーカー「だいずデ

お母さんのサポートを受けながら、おにぎりの型にご飯を詰めたり、おかずを盛りつける子供たち。その表情は真剣そのもの

器にていねいに盛られた料理たち。
自分で準備したご飯に子供たちも満足

イベントで美味しさと価値を知り、大豆は着実に食卓へとつながる。

イズ」と、「一般社団法人オーガニックヴィレッジジャパン」とのコラボ企画で、テーマは「オーガニック」。今回のメニューに使った蒸し大豆、蒸しあずき、蒸しひよこ豆、蒸しキヌア、蒸しミックスビーンズは、「だいずデイズ」からの提供。同社商品は、3年以上、化学合成農薬や化学肥料を使用していない土地で生産された「有機JAS」認証の材料を優先して使用。また、合成保存料、化学調味料、人工甘味料、乳化剤、着色料、参加防止剤などの添加物を使用していないそうです。同社営業の寺井隼斗さんからは、蒸し大豆の栄養価などが説明されました。「もちろん料理としても使っていただきたいですし、袋から開けたら、ぜひそのまま食べてみてください。素材の味の良さをわかっていただけますし、そのためにオーガニックにもこだわっています」。

　実際、同社の蒸し大豆を利用したことのあるお母さんは「野菜類が特に好きなわけではないのに、1歳の子供が好んで食べました。子供なりに素材の美味しさがわかるのでしょうか。おやつのように袋から、そのまま食べさせています。栄養価も高いですし、安心して食べさせられるのもうれしいですね」とのこと。

　オーガニックヴィレッジジャパン事務局長の山口タカさんは、オーガニック野菜について解説しました。「食について、今まで当たり前であったことを、もう一

お行儀よく座って、「いただきます」「ごちそうさま」。食事中、歩き回らずにお箸や手を使って、上手に食べていました

安全・安心であることが、食の関心をさらに高める。

回見直して欲しい。だいずデイズさんのような、食材、オーガニックへのこだわりが、未来の子供たちの健康や成長に直接影響してくる」。子育てという食の安全が身近なお母さんたちに、その言葉は着実に響いているようでした。

お土産がさらに大豆を食べるきっかけに

イベントの終了時には「だいずデイズ」から全5種類の大豆商品がプレゼントされ、参加者のお母さんたちは大喜びでした。

お母さんたちからは、「以前も、このイベントに参加したことがあり、おにぎりが大好きな子供がとても楽しかったようで、今回も参加しました。納豆が苦手なので、大豆類を美味しく食べさせられる工夫を知りたいと思いました。大変、参考になりました」「だいずデイズさんの商品は知らなかったのですが、とても美味しくて、使いやすそうなので、ぜひ今後、料理に使用してみたいと思います」などの声が。大豆は着実に、家庭の食卓へとつながっていくようです。

大豆が食育に果たす役割に期待を込めて

栄養価が高く、特にたんぱく質の多い大豆は、「畑の肉」とも言われています。日本古来から栽培されている大豆は、そのまま調理して食べることもでき、日常食に欠かすことのできない味噌、醤油、豆腐の原材料でもあります。こうした食育イベントがより広まり、子供たちにとって大豆がより身近になることで、あらゆる食材が、料理の美味しさや安全性につながるということを認識する機会になっていくことを願います。

2015年に行った、おにぎりアンケートでは「大豆とひじきのおにぎり」が1位に！

「だいずデイズ」の寺井隼斗さんからは、大豆の栄養価などのお話をうかがいました。「大豆は栄養価がとても高いスーパーフード。弊社の商品は一切添加物を使用していないので、小さいお子さんにも安心。必要な栄養素をしっかり摂れます」

オーガニックな

おもてなし。

オーガニック
レストラン
認証
はじめました。

JONAの主な業務

- 有機食品認証
  （JAS,IFOAM,EU,COR 等）
  有機酒類　有機養蜂
- オーガニックコスメ認証
- オーガニックレストラン認証
- オーガニック繊維
  トレーサビリティー認証
- 親子農業体験教室Seed+
  （田植え 稲刈り）

NPO法人
日本オーガニック&
ナチュラルフーズ協会（JONA）
〒104-0031
東京都中央区京橋 3-5-3-3F

お問い合わせ
TEL：03-3538-1851
FAX：03-3538-1852
Mail：jonacontact@jona-japan.org
http://www.jona-japan.org

大豆の多彩な魅力と出合える
Restaurant & Store

その土地で収穫した大豆で味噌、醤油、豆腐などを作り、土地の野菜と合わせて提供する地産地消のお店が増えています。大豆の定番だけでなく、工夫を凝らした創作メニュー、パスタやピザ、スイーツ、そして注目のスーパーフードテンペなどなど、大豆に惚れ込んだ人たちが多彩な魅力を伝えてくれるお店を全国から選りすぐりで紹介します。

取材―藤田実子
種藤 潤（P70）
撮影―小澤亨子（P71上）
鈴木拓也（P68、69、74、76、77上）
上原タカシ（P70）

蔵元佳肴《くらもとかこう》いづみ橋

神奈川県・海老名市

酒も料理もトータルで地元・海老名の
魅力を愉しませてくれる酒蔵直営の料理店

1857年、県内有数の穀倉地帯、海老名耕地に蔵を構えた『泉橋酒造』。地元の産物を生かすという伝統を受け継ぎ、米づくりから酒造りをしている。さらに、もっと地域振興に貢献したいという思いから大豆や小麦も地元の農家で契約栽培。栽培が減っている「津久井在来大豆」と酒米・山田錦を使い、2年熟成の味噌を造っているのだ。また、醤油は、愛媛の醸造蔵に依頼して木樽で1年7ヶ月熟成させている。

それだけでなく、野菜、魚、肉など地元の恵みを幅広く取り入れたこの店は、2016年にオープンしたばかり。料理長の根本真さんは、当代蔵元が腕とセンスに惚れ込み、仙台から招いたという実力派だ。泉橋の酒の味を知り尽くした上で、伝統と革新を織り交ぜた料理を生み出し、さまざまなタイプの酒とのペアリングを提案。8品の1コースのみだが、津久井大豆とタコの大仙煮、自慢の醤油で黄金色に煮あげたいわしの梅煮ほか、まさに日本酒が進む"佳き肴"を堪能させてくれる。

蔵元佳肴いづみ橋

神奈川県海老名市扇町 12-33 フィールズ三幸 1 階
046-240-9703
平日 16:00 ～ 22:30 ／日・祝 14:00 ～ 20:30 （要予約）
休 月曜
http://izumibashi.com/kakou/
通販あり

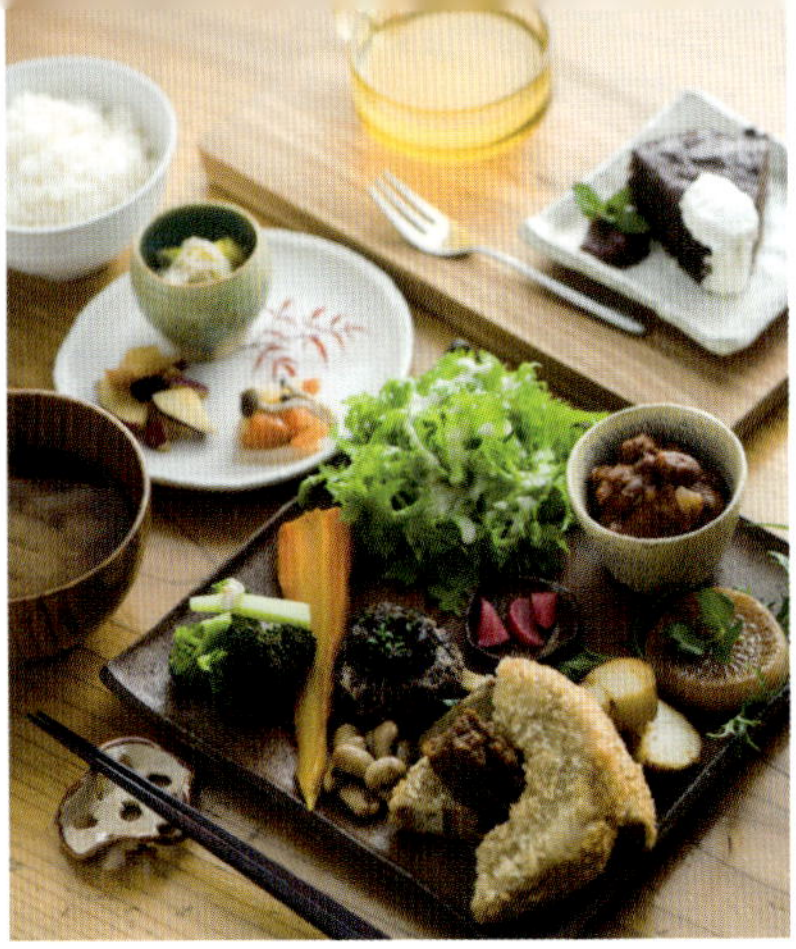

自然食農家レストラン　三心五観

兵庫県・丹波市

在来品種大豆を用いた手作り味噌が、自然の力あふれる味を一層引き立てる

「三心五観」という店名の由来は、精進料理で用いられる提供する側と、いただく側の心得を合わせた造語だという。その意味は、言葉よりも実際の料理を味わうことで、より理解できるだろう。使用する食材は、自然農園で無農薬、無肥料で栽培された在来種、固定種の野菜が中心。その自然の味わいを最大限いかすために、調理は極めてシンプル。まさに「三心五観」という言葉が伝えたい、味わう側はもちろん、提供する側も楽しく、美味しく、喜びにあふれる料理の数々が並ぶ。そしてその味わいをいっそう引き立てるのが、自家製味噌だ。在来品種青大豆「水くぐり」を使用し、時間をかけて仕込まれた味噌は、食材の味を生かしつつも、大豆の旨味も同時に体感できる。「水くぐり」そのものを味わえる料理も提供する。

料理は要予約。「三心五観コース」(上の写真)などコースは2日前が必須だが、その他は当日朝でも対応。味噌づくりのワークショップも行っている。

自然食農家レストラン　三心五観

兵庫県丹波市春日下三井庄 159-1
090-6676-6283
11:30 ～ 15:00（完全予約制）
http://www.3shin5kan.com/

大豆工房　いきさ屋

佐賀県・唐津市

生産者自らがつくる豆腐と加工品には、
佐賀大豆の美味しさが凝縮。

佐賀県は全国トップを争う大豆の生産地であり、排水の良い土壌に恵まれた伊岐佐地区もまた大豆栽培は盛んだ。そこで大豆の加工製造及び販売をスタートしたのは、平成13年。能隅良子代表のもと、地元女性スタッフを中心に運営している。

看板商品である豆腐は、地元で採れた「フクユタカ」100％使用。それを地元地下水と瀬戸内の天然にがりで、朝4時から仕込む。豆腐そのものはもちろん、豆乳プリン、おからドーナツ、豆乳シフォンケーキと、自家製豆腐を生かした加工品を多数販売。食堂では豆腐ハンバーグ定食、マーボー豆腐定食などを提供している。

大豆工房　いきさ屋

唐津市相知町伊岐佐甲 1381
☎ 0955-62-4060
🕐 7:00 ～ L.O.14:30
休 火曜

田舎茶屋　縁満《よりみち》

鳥取県・東伯郡

在来品種「三朝神倉大豆《みささかんのくら》」のふくよかな
甘みを堪能できる、定食が大人気

三朝《みささ》温泉でも有名な鳥取県南部の山の街、三朝町。この地で栽培されている在来種「三朝神倉大豆」は、一般的な大豆よりもイソフラボン、たんぱく質、糖の含有量が多い。煮ると甘みが出るため、豆腐をはじめ、豆乳、納豆など加工品の美味しさは格別だ。JAと生産者、加工業者が連携し、地名にちなんで「神のはな」「神のしずく」など神シリーズで展開。

この店では特産の豆腐や納豆だけでなく地元で採れる旬の食材を織り交ぜた定食が人気。〝三朝のお母ちゃん〟と呼ばれる料理上手な女性陣が、体に優しく、昔懐かしい味わいの手料理でもてなしてくれる。

田舎茶屋　縁満

鳥取県東伯郡三朝町大柿 594-10
☎ 0858-43-1837
🕐 11:00 ～ 14:00　休 火曜、水曜
http://www.ja-tottorichuou.or.jp/restaurant/

たなつや

石川県・金沢市

自社農場の有機栽培穀物を使った多彩な商品で、
豊かな暮らしを提案する穀物専門店

金沢近江町市場にあるモダンな店構えのこの店。店頭では、豆乳ベースの「じろあめソフトクリーム」を販売しているが、砂糖や人工甘味料を使わず、穀物由来の金沢の伝統調味料「じろ飴」と、玄米甘酒のみで甘みを出すというこだわりよう。

　というのも、この店の運営会社、『金沢大地』の代表・井村辰二郎さんは、金沢市郊外に広がる河北潟干拓地で、環境保全を追求する有機栽培を実践。日本の有機農業としては最大規模の面積を誇り、安定供給で日本の有機農業の底上げのために尽力している。この自社農場で栽培する無農薬・無化学肥料の米、麦、大豆そのものを様々な商品に加工して販売しているのだ。

　そのバリエーションは、米酢、味噌、醤油、麺類、豆腐や納豆、日本酒、糀、麦茶、大豆、珈琲、飴、きな粉、スイーツなど多種多彩。穀物が食生活になくてはならないものというのはもちろん、暮らしを豊かにしてくれる食材だということを改めて実感することができる。

たなつや
石川県金沢市下堤町 19-4　近江町商店街　中通り　十間町口近く
076-255-1211
8:30 ～ 17:30
休 無休
http://www.tanatsuya.com
通販あり（http://www.k-daichi.com）

ずくだせ農場

農家の食堂　Komame

長野県・上田市

作物が育つ風景を見ながら採れたて野菜や
地大豆の創作料理が楽しめる古民家食堂

伝統と、安全な食の提供を目指して地元有志が立ち上げた農事組合法人『ずくだせ農場』。農薬や化学肥料を使わない伝統農法を基本に、塩田産在来種大豆「こうじいらず」や米、季節の野菜を育てている。さらに、天然醸造の「信州桃太郎味噌」、豆菓子や洋菓子、豆乳ジェラートなど多種多様な商品開発も精力的。その直営の古民家食堂がここ。できるだけ新鮮なものを提供したいからと、メニューのほとんどはその日の畑の状況で決め、注文を受けてから野菜を収穫。〝ここでしか味わえない美味しさ〟を最大限に楽しませてくれる。一番人気は、豆乳生地を使ったピザだそうだ。

農家の食堂　Komame

長野県上田市富士山 3232
📞0268-39-2939
🕐11:30 ～ 14:30、17:00 ～ L.O.20:00
㊡木曜
http://anshindo-d.com/fs/anshindo/c/789

どんどこあさば

あぐりレストラン　陽だまり

静岡県・袋井市

おからを出さない特別な製法で生み出される
味わい濃厚、栄養豊富な「まるごと豆腐」

面積の半分以上を田畑が占める袋井市浅羽は、農家の高齢化や地産地消の希薄化などの問題を抱えていた。そこで平成13年、農業の若返りと町おこしのために有志が『どんどこあさば』を立ち上げ、目玉商品として地元産大豆「フクユタカ」100%の「まるごと豆乳」と「まるごと豆富」を開発。超微粉砕した大豆粉を水で溶かし、高熱で煮る独自の製法は、おからが出ず、栄養分、食物繊維が豊富だ。農産物を販売する『おかって市場』で販売するのはもちろん、併設のレストランでは、スープ、ステーキ、茶碗蒸しなどに仕立てた豆腐づくしの定食が看板メニューになっている。

あぐりレストラン　陽だまり

静岡県袋井市浅羽 447
📞0538-23-8918
🕐平日 11:00 ～ 14:00 L.O
（土・日ディナー営業あり 18:00 ～ 20:30 L.O）
㊡無休　　http://dondoko.jp/

大桃豆腐

東京都・豊島区

大豆など素選びから日々の仕事まで、
感覚を研ぎ澄ませて生み出す至高の味

大桃伸夫さんが3代目を継いだ21年前は、ちょうど町の豆腐店が競争力を失い次々に閉店に追い込まれていた時代。機械の発達でそこそこの味の豆腐が大量生産可能になったからだ。

大桃さんは、「今以上に美味しい豆腐を作ろう」と奮起し、まずは大豆を厳選。在来種の大豆をいろいろ試しながら、現在は、絹豆腐は北海道産「音更大袖振」、木綿は長野県産「なかせんなり」、寄せ豆腐は滋賀県産「櫂座」などを使い分けている。にがりも、天然なのはもちろん、海洋汚染の少ない伊豆大島や高知産を使用。

製造過程では、大豆の風味のピークを狙うため、蒸気の音を聞きながら時間や温度を調整。天候や大豆の状態による微差を埋める努力も惜しまない。にがりを入れるタイミングや混ぜ方なども細心の手技。また、「味が薄まるから」と容器には水を入れずにパック。小さな工夫を重ね、「こうした方がいいんじゃないか」と思ったことは実際に試し、より良い手法を日々探り続けている。

大桃豆腐

東京都豊島区池袋 3-61-10
☎ 03-3971-3817
平日 10:00 ～ 19:00 ／祝日 10:00 ～ 17:00
㊡ 日曜
http://ohmomo.com/

買い置き食材の新定番

蒸し大豆をもっと食べよう春夏秋冬レシピ

服部幸應
"食育の学校"シリーズ
大豆の学校
別冊

そのままでも、
サラダやスープのトッピングに使っても。
おいしくて便利な蒸し大豆は、
いまや食卓の常連ともいえる食材です。
そんな蒸し大豆を使った、旬と健康を意識した
バラエティ豊かなレシピは
食育のプロたちのお墨付き。
あなたのヘルシーな毎日を応援する
12皿です！

巻末
家庭で作る
「究極の蒸し豆」
レシピ

レシピ提供：蒸し豆PROJECT

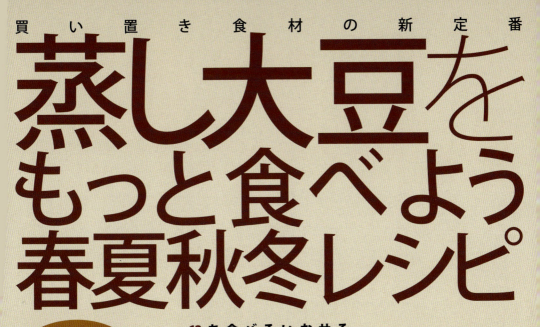

春

みずみずしく
生命力溢れる春の食材。
新しい季節の恵みに、
蒸し大豆を加えて
よりヘルシーに。

SPRING

1 大豆と菜の花のおひたし

緑鮮やかな菜の花と素材をシンプルに。
多様な食感が味わえます。

材料・2人分

- 蒸し大豆…50ｇ
- みょうが…1かけ
- 菜の花…2～3茎
- スナップえんどう…4本
- 水煮わらび…4本
- ドレッシング…大さじ1

作り方

❶菜の花、わらびは5cmの長さに切る。
❷❶とスナップえんどうをゆでて、冷水にとり水気を切る。
❸みょうがは大きめにスライスしておく。
❹❶、❷、❸と蒸し大豆を混ぜ合わせて器に盛り、お好みのドレッシングをかける。

2 そらまめと蒸し豆のソテー

蒸し豆と
旬のそらまめは
ベーコンと好相性、
おつまみにも
ぴったり。

材料・4人分

- ●蒸し大豆…80～100g
- ●そらまめ…3さや
- ●アスパラガス…4～5本
- ●厚切りベーコン…80g
- ●塩コショウ…少々
- ●オリーブオイル…適量

作り方

❶そらまめをゆでて皮をむく。アスパラガスは5cmの長さに切り、ゆでる
❷厚切りベーコンを1～2cm角に切る。
❸熱したフライパンにオリーブオイルをひき、❶、❷、蒸し大豆を炒め、塩コショウで味をととのえる。

3 ハマグリと大豆のクラムチャウダー

ハマグリのうま味が
ベース、豆乳と味噌を
加えてクリーミーに。

材料・2人分

- ●蒸し大豆…50g
- ●玉ねぎ…1/4個
- ●にんじん…1/4個
- ●ハマグリ…5個
- ●ココナッツオイル…大さじ1
- ●酒…大さじ4　●水…30ml
- ●豆乳…200ml　●味噌…小さじ1
- ●塩コショウ…適量

作り方

❶玉ねぎとにんじんは1cm角に切る。
❷鍋にココナッツオイルを熱し、❶を入れて炒める。しんなりしてきたら、ハマグリを入れ、酒と水を加え蓋をする。
❸ハマグリの口が開いたら、豆乳、蒸し大豆を加えて温めて、味噌、塩コショウを加える。

夏

太陽の光を
たくさん浴びて育った、
カラフルな夏野菜。
栄養豊かな蒸し大豆を
プラスした、
元気な一皿を。
SUMMER

1
ズッキーニと蒸し豆のマリネ

食感のいいズッキーニと、蒸し大豆&タコをさっぱりマリネに。

材料・2人分

- ●蒸し大豆…50g
- ●ズッキーニ…1/2本
- ●ゆでタコ…20g　●酢…大さじ2
- ●砂糖…小さじ2　●塩…小さじ1

作り方

❶ゆでタコ、ズッキーニを1cm角くらいに切る。
❷ズッキーニは1〜2分程度さっとゆでる。
❸酢、砂糖、塩をボウルに混ぜ、そこにゆでタコ、ズッキーニ、蒸し豆を加える。
❹味がなじむまで冷蔵庫で冷やす。

2

夏にぴったり トマトそうめん

食欲が低下する時期にピッタリ、大豆でタンパク質も補えます。

材料・2人分

●蒸し大豆…50g
●そうめん…2人分（2～3束）
●トマト…1個
●ツナ…1缶
●ネギ…お好みで
●ごま油…小さじ2
●白すりごま…小さじ2
●めんつゆ（三倍濃縮）…適量

作り方

❶トマトは1cm角くらいに切り、ツナ缶は汁を切っておく。
❷ネギはお好みの大きさに刻んでおく。
❸そうめん以外の材料を全て混ぜ合わせておく。
❹そうめんを時間通りにゆでて冷水でしめ、水気を切る。❸とそうめんを混ぜ合わせる。

3

蒸し豆と冬瓜の冷製煮物

冬瓜のとろみと大豆の食感がマッチ、暑い日でも箸が進む一品です。

材料・2人分

●蒸し大豆…50g ●冬瓜…1/4本
●白だし…大さじ1/2
●酒…大さじ2
●みりん…大さじ1
●砂糖…大さじ1
●しょうゆ…小さじ1
●水…1カップ ●片栗粉…大さじ1

作り方

❶冬瓜は種を取り、4～5cmの大きさに切って皮をむく。
❷お湯に塩小さじ1（分量外）を入れ、切った冬瓜をかためにゆでる。
❸調味料と水を鍋に入れ、❷を加えて落し蓋をして5分程度、冬瓜がやわらかくなるまで煮る。
❹蒸し大豆を加え、水溶き片栗粉をまわし入れてとろみをつけ、火を止める。
❺粗熱がとれたら冷蔵庫に入れて冷やす。

秋

いろいろな作物が
収穫期を迎える
「実りの秋」。
栄養価の高い旬の食材と
蒸し豆で、
季節を感じる食卓に。
AUTUMN

1

さつまいもと大豆のごまからめ

甘じょっぱいさつまいも
&蒸し大豆は、
プラス一品にもおすすめ。

材料・4人分

- ●蒸し大豆…1袋（70g）
- ●さつまいも…1/2本●油…大さじ1
- ●しょうゆ…大さじ1 Ⓐ
- ●みりん…大さじ1 Ⓐ
- ●はちみつ…大さじ1 Ⓐ
- ●ごま…適量 Ⓐ

作り方

❶さつまいもを角切りにして水にさらし、レンジで3分加熱する。
❷油を敷いたフライパンに水気を切ったさつまいもと蒸し大豆を入れ、炒める。
❸Ⓐを入れ、煮詰める。
❹タレが絡んだらごまを入れる。

2 蒸し大豆ときのこの炊き込みご飯

風味豊かなまいたけと蒸し大豆の食感を味わう、秋らしい一品。

材料・4人分

- ●蒸し大豆…100g
- ●米…2合
- ●まいたけ…1パック
- ●白だし…80ml
- ●しそ…適量

作り方

❶米は洗って、30分～1時間程度、水につけておく。
❷まいたけは手でさいておく。
❸炊飯器に❶と白だしを入れ、2合の線まで水をたして混ぜ、炊飯する。
❸炊き上がったらフタを開けて、蒸し大豆を入れて10分程度蒸らしてしそを散らす。

3 大豆かぼちゃコロッケ

旬の甘いかぼちゃのコロッケに、蒸し大豆でアクセントを。

材料・2人分

- ●蒸し大豆…100g
- ●かぼちゃ…150g ●玉ねぎ…1/2個
- ●豚ひき肉…30g ●バター…10g
- ●塩…小さじ1/2 ●こしょう…少々
- ●小麦粉…適量 ●卵…1個
- ●パン粉…適量

作り方

❶かぼちゃを耐熱容器に入れ、電子レンジで5～6分加熱する。熱いうちにつぶしておく。
❷フライパンにバターを入れて溶かし、みじん切りにした玉ねぎを炒める。
❸豚ひき肉を加えて十分に火が通るまで炒めて、塩、こしょうで味付けする。
❹❸に、かぼちゃと蒸し大豆を加えて混ぜる。
❺成形し、小麦粉、溶き卵、パン粉をつけて揚げる。

冬

寒い季節に
負けない、体を温める
食材が豊富な冬。
蒸し豆入りの
あったかメニューで、
健康的な食卓に。
WINTER

1 蒸し豆入りシチュー

根菜たっぷり、体が温まる具沢山のシチューに蒸し豆をプラス。

材料・4人分

●蒸し大豆…100g
●じゃがいも…中3個
●にんじん…2本
●玉ねぎ…1個　●しめじ…3/4株
●ベーコン…1ブロック　●塩こしょう…少々
●シチューのルウ…1箱

作り方

❶じゃがいも、にんじん、ベーコンは1口大に、
玉ねぎは1cm幅くらいに切る。しめじは石づきを取っておく。
❷オリーブオイルをひいた鍋で、玉ねぎとベーコンを炒める。
火が通ったら他の野菜、きのこも加えて炒め、塩こしょうを振る。
❸分量の水を入れ、15分ほど中火で煮込む。
❹火を止めてシチューのルウを溶かし、再び弱火で10分ほど煮込む。

2 蒸し豆入りポトフ

栄養価の高い
蒸し豆を加えた、
食材のうまみが
味わえるスープ

材料・2人分

- ●蒸し大豆…50 g
- ●じゃがいも…3個
- ●玉ねぎ…1/2個
- ●にんじん…1/2本
- ●ベーコン…40g
- ●コンソメ…1個
- ●水…2カップ
- ●イタリアンパセリ…適量

作り方

❶玉ねぎ、じゃがいも、にんじん、ベーコンを食べやすい大きさに切る。
❷鍋に水と❶を入れ、沸騰するまで中火で煮込む。
❸沸騰してきたら火を弱め、コンソメを入れて具が柔らかくなるまでさらに煮る。
❹蒸し大豆を入れ、温まったら火を止める。仕上げにイタリアンパセリを散らす。

3 大豆みそれんこん

冬になると甘みが増す
れんこんと蒸し大豆を、
コクのある炒め煮に。

材料・4人分

- ●蒸し大豆……100g
- ●れんこん……200g
- ●豚ひき肉……100g
- ●酢……大さじ1
- ●サラダ油…大さじ1
- ●みそ…大さじ1と1/2
- ●みそ……大さじ1 ┐
- ●酒……大さじ2 │Ⓐ
- ●だし汁…大さじ2 ┘

作り方

❶れんこんは皮をむいて薄い輪切りにし、酢水（水3カップに酢大さじ1を加えたもの）に5分ほどつけてアクを抜き、ざるに上げる。
❷フライパンにサラダ油を入れて中火にかけ、豚ひき肉を加えて炒める。❶を入れ、少し透き通るまで炒めてⒶを回し入れる。
❸さらに炒めてみそを混ぜ入れ、蒸し大豆を加え、汁気がなくなるまで炒め煮にする。

今やスーパーやネット通販でも買えちゃう♪
便利な市販の「蒸し大豆」を活用

　蒸し大豆がおいしくて体に良いことはわかっていても、乾燥大豆から下ごしらえして作るのは、ちょっと大変かも…?と思ったら、近所のスーパーをのぞいてみてください。蒸し豆市場はこの5年間で約3倍の規模になり、取り扱っている商品数も急増中。さらに、オーガニックなどのこだわり蒸し大豆も登場しています。調理の手間なく、パックを開けたらすぐに必要な量だけ使える便利さ。ある程度は保存もきくので、ストックしておけばいつでも蒸し大豆を食卓で味わえます。

有機もあります▶

蒸し豆トップシェアメーカー直伝!!
ラップでできる「究極の蒸し大豆」の作り方

　どうせなら、手間ひまを惜しまずに「手作り蒸し大豆」にチャレンジしたいという方のために、蒸し豆メーカーから教えてもらった究極のレシピをご紹介しましょう。コツは、ラップを上手に使うこと。蒸し大豆と水煮大豆の大きな違いは、「蒸している」か「水の中で加熱調理している」か、という調理方法にあります。蒸し大豆に多い栄養素であるイソフラボンやビタミン群、たんぱく質は水溶性の成分です。水で煮ると大豆の栄養素が溶け出しやすいのですが、蒸すと損失が少なくてすむのです。損失が少ないのは、うまみ成分も同じです。つまり、「究極の蒸し大豆」の作り方をマスターすれば、素材の栄養と味がしっかり残り、そのまま食べてもおいしく、かつヘルシーな大豆を家庭で楽しむことができるのです。ぜひ、蒸し大豆を日々の食卓に取り入れてみてください。

材料・器具・作り方

材料▶乾燥大豆…100g
調理器具▶ラップ・平らなバット（平らな耐熱皿）・蒸し器

監修◉堀知佐子

❶乾燥大豆を水でよく洗い、ボウルに入れて豆の約10倍の水に一晩（約8時間）浸す。

❷大豆の水気を切り、平らなバット（または平らな耐熱皿）に並べる。大きめにラップを切り、中の空気が逃げないようにラップを引っ張りながら、裏面で重なるくらいしっかりと巻く。

POINT▶ラップをかけることで、豆から出た水分が外に拡散しない。また、中の圧力でたんぱく質も柔らかくなる。

❸蒸し器に水を入れて火にかけ、沸騰したらラップを巻いたバットごと蒸し台の上に置いて蓋をし、強火で40～50分蒸す。

※途中、蒸し器内の水がなくならないように注意。

❹ラップの上から大豆を指で押して、へこめば出来上がり。

※完成後すぐには、ラップを開けないのがポイント。冷めるにつれて、密閉空間の中の水分が大豆に浸透してしっとり仕上がる。

POINT▶蒸し器を使うと蒸気とともに豆から出た水溶性成分が落ちてしまうが、ラップがあるおかげで出た成分が大豆に戻り、おいしさと栄養がキープされる。

蒸し大豆の春夏秋冬レシピ、いかがでしたか？

「もっと蒸し豆の良さを伝え、
ニッポンを元気にしたい」
わたしたちはこのプロジェクトを通じて
皆さまと共に「蒸し豆」の魅力を
広めてゆきます。

蒸し豆で、ニッポンを元気に。
蒸し豆 PROJECT

日本食の柱となり支えている食材である「豆」。
そんな豆をもっと手軽においしく食べてほしいという願いから、
2004 年に「蒸し豆」は生まれました。
以来、わたしたちは「蒸し豆」の良さを伝えるべく、
さまざまな普及活動や研究を行ってまいりました。
「蒸し豆」にはまだまだ大きな可能性があります。
わたしたちは「蒸し豆でニッポンを元気に」すべく、
この「蒸し豆 PROJECT」を通じて、皆さまと共に様々な活動を行い、
「蒸し豆」の魅力を広めてゆきます。

主な活動内容

- 蒸し大豆の機能性研究
- 蒸し豆の活用推進
- 情報発信
- 食育活動

蒸し豆 PROJECT 運営事務局
（株式会社マルヤナギ小倉屋内）

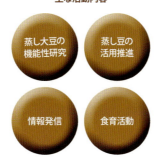

good**day**, every**day**
だいずデイズ

いつもの食卓に、もっと大豆を。

袋を開けて、このままサラダやお料理に。
もちろん、おやつにも。
蒸しているから、おいしさや栄養価値が
まるごと大豆に残っています。
マロンのようにとっても甘い
蒸し大豆を、ぜひお試しください。

- PRODUCTS -

有機蒸し大豆

有機蒸しミックスビーンズ

有機蒸しひよこ豆

3色の蒸しキヌア

まぜるだけ！蒸し大麦

ほの甘あずき

株式会社 だいずデイズ　〒658-0044　兵庫県神戸市東灘区御影塚町 4-9-21　TEL : 0800-100-8682（平日 9-17 時）
web : http://daizu-days.co.jp/　FB・Insta : @daizudays

もろやファームキッチン

宮城県・仙台市

江戸時代から続く農家の萱場市子さんが、18年前に開業。2015年末、地下鉄の開通でモダンな駅ビルに移転した。萱場家が栽培する野菜は、伝統野菜から洋野菜まで年間150種以上。料理も、大豆おこわや呉汁など郷土料理だけでなく、洋食もありと多彩だ。地元品種の「ミヤギシロメ」を加工した大豆パスタも評判。物販コーナーも充実している。

もろやファームキッチン
宮城県仙台市若林区荒井字東 87-2 マカヤビル 2F
☎ 022-288-6476　⏲ 11:00 ～ 17:00　㊡ 月曜、第 1・3・5 日曜
http://www.moroya-farm.com/

農家レストラン まだ来すた

岩手県・奥州市

2004年に地元の女性7人で始めた、田んぼに囲まれたレストラン。豆腐、味噌、南部小麦のうどん、天日干しのひとめぼれ、奥州豚、野菜など、地域の人々が生産した食材を使用。ご飯は、籾殻を燃やすカマドで炊き上げている。このおこげ付きご飯に、はさみ揚げ、カツ、餃子など、多彩な豆腐料理がセットになった「今週の豆太郎」が人気だ。

農家レストラン　まだ来すた
岩手県奥州市胆沢区岩柳字大立目 19
☎ 0197-46-4241
⏲ ランチタイム 11:00 ～ 14:00、カフェタイム 11:00 ～ 15:30
㊡ 月曜、第 1・第 3 日曜　http://madakisuta.exblog.jp

㊋ 醸造発酵 渡部食品

北海道・河東郡音更町

創業90年。伝統を受け継ぐ職人技の逸品がそろう名店だ。北海道十勝産の伝統品種「音更大袖振大豆」を使った納豆は、粒が通常の2倍近くあり、濃厚な味わい。「トヨマサリ」と国産の米、麦、天日塩で仕込み、蔵の自然の温度で18ヶ月寝かせた『生の味噌』は、驚くほど優しい味わい。醤油も1年間発酵の本醸造と、いずれも酵素が生きた、まさに健康食品。

㊋ 醸造発酵 渡部食品
北海道河東郡音更町大通 7-3
☎ 0155-42-2908　⏲ 8:00 ～ 18:00　㊡ 日曜　地方発送可能

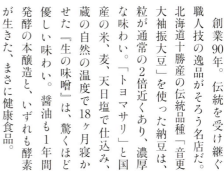

大豆発酵食品 〝テンペ〟の魅力

ネバネバもクセもなく、さまざまな料理に応用可能
知れば知るほど食べたくなる多彩な魅力を紹介しよう

テンペはインドネシアで400年以上の歴史を持つ伝統的発酵食品。茹でた大豆にハイビスカスやバナナの葉に生息するテンペ菌で発酵させることからこの名が。発酵とともに大豆の隙間に白い菌糸が入り込み、ケーキのように固まる。納豆と似ているが、大きな違いは、ネバネバがなく、ほのかに酸っぱい匂いがするものの、クセがないこと。うまく発酵したテンペは、栗のようなホクホク感もある。

発酵により栄養価が増し、コレステロール値が改善したり、血圧が下がったりするなど健康機能が高いのは納豆と同じ。焼く、揚げる、炒める、煮るなど料理法は自在。特に油との相性が抜群で、カツや唐揚げは、まるで豚や鶏肉のよう。肉の代用品としても優秀だ。

インドネシアレストランチャベ 目黒店

テンペのあるお店

INDONESIAN RESTAURANT CABE

東京都・品川区

INDONESIAN RESTAURANT CABE
東京都品川区上大崎 3-5-4 第1田中ビル 2F
☎ 03-6432-5748
営 平日 11:30～14:30、17:30～22:00 L.O
土 11:30～22:00 L.O
休 日曜、祝日

テンペ発祥の地・インドネシアの料理で 応用範囲の広いテンペの魅力を知る

「インドネシアでは、テンペ専門店だけでなく、毎朝できたてを売り歩いている人もいる。日本人にとっての味噌、醤油、納豆、豆腐のように、あるいはそれ以上に生活に欠かせない食材なんです」と話すオーナーの大平正樹さん。

最も多い調理法は、ニンニクと塩で下味をつけて素揚げにした「テンペゴレン」。テンペと小魚、ピーナッツを甘辛いソースで炒った「テンペテリ」は、そのまま、あるいはご飯にかけて食べるそうだ。旨味やコクが出るので、野菜炒めやカレーなど煮込みに加えることも。まずはこの店で、テンペの多彩な魅力に触れたい。

マルゴデリエビス

テンペのあるお店

marugo deli ebisu

東京都・渋谷区

サンドイッチやバーガーなど 新スタイルでテンペの魅力を発信

未来のために、人に環境に優しい衣・食を提案するオーナー橋本和美さん。自然栽培の野菜や果実を使ったジュースやデリを提供している。テンペは、北海道産の有機大豆を日本人向けにさらにクセなく発酵させたものを使用。衣をつけて揚げた「ベジカツサンド」や、オリーブオイルでソテーしてスプラウトとともにバーガー仕立てにしている。

marugo deli ebisu

東京都渋谷区恵比寿西 1-17-1 プルミエール恵比寿 1F-A
03-6427-8580　平日 9:00 ～ 21:00 ／日・祝 10:00 ～ 20:00
http://www.maru5ebisu.jp　通販あり

矢掛家具センター

テンペのあるお店

岡山県・小田郡矢掛町

自家製〝矢掛テンペ〟で町おこしに成功

宿場町として栄えた街並みを今に残す矢掛町。しかし、高齢化と過疎化を憂えていた家具店の女将・古中正恵さん。地元産大豆で町おこしをと一念発起。20年前から独学でテンペの製造を始めた。粉末テンペも作り、豆腐、和・洋菓子、パン店とも協力して〝テンペ入り〟を矢掛名物に。自らも自家製テンペコロッケを販売し、観光振興に貢献している。

矢掛家具センター

岡山県小田郡矢掛町矢掛 2570
0866-82-0366　8:30 ～ 19:00
休 不定休　地方発送可能

自然の恵みは命の源です。

お届けしたいのは「生命」ある素材を活かした「安全」で「おいしい」食品です。

私たちは空気、水をはじめその生活する地域の環境に生かされ、
その環境に育まれた食物の精気をいただきながら生きています。
そして自らの意志で健全な身体と精神を育てて行かなければなりません。
純正食品マルシマはできる限り農薬や化学肥料、食品添加物等を排除した
安全な原料を使用し、環境保全型農業をサポートし、不自然な農作物である
「遺伝子組換え農産物」の排除に努めています。
また加工においては可能な限り伝統的な製法を守り、本来の目的でる
「生命を育む食品」の開発・製造を通して安全で豊かな食生活に貢献してまいります。

株式会社純正食品マルシマ　広島県尾道市東尾道９番地２　TEL0848-20-2506　FAX0848-20-2363
E-mail；marusima@junmaru.co.jp　URL；http://www.junmaru.co.jp　マルシマ　検索

日本の食卓に なくてはならない 大豆加工品

日本の食卓、特に「和食」には、
大豆はなくてはならない存在、とはよく言われますが、
実際にどのぐらい大豆は使われているのでしょうか？
特に使う機会の多い味噌、醤油、豆腐という大豆加工品を取り上げ、
その歴史や製法とともに、「和食」とのつながりを考えてみました。

文｜藤田実子　イラスト｜柏木リエ

日本によくある和食を中心とした食卓。さて、このなかで大豆を用いているのは何品あるでしょうか？

答えはP82に！

味噌

Miso

平安時代にはそのまま食すのが中心
和食王道の味噌汁は鎌倉時代から

大豆の加工品のなかでも、和食の調味料としてまずあげられる、味噌。代表格の料理である「味噌汁」に加え、鍋の味付けのほか、炒め物、焼き物、煮物、和え物の調味料として重宝されます。また、味噌だれとしても用いられ、「西京漬け」などのような、風味づけと保存を兼ねた魚や肉の味噌漬けにも使われます。

その起源をたどっていくと、古代中国の「醤（しょう・ひしお）」、「豉（し・くき）」と考えられています。日本には、中国大陸や朝鮮を通って7世紀頃に伝えられた説が有力です。『大宝律令』（701年）に、日本で初めて「醤」という文字が確認できます。「醤」は、鳥獣の肉や魚を雑穀、麹、塩とともに漬け込んだ「魚醤」のような発酵食品で、厳密には味噌とは異なるものですが、「未醤」という中国にはない言葉の記述もあります。これが「醤」に手を加えた新しい調味料で、味噌の前身ではないかと言われています。呼び名も「みしょう」→「みしょ」→「みそ」と変化していったようです。「味噌」という文字が現れるのは、平安時代の文献『延喜式』（927年）。高級官僚の給料や贈答品として使われるなど、貴重品のようでした。食べ方としては、食べ物につけたり舐めたりと、そのまま食べていたようです。

味噌を使う和食の代表である「味噌汁」として飲むようになったのは、鎌倉時代からと言われています。粒味噌をすりつぶしたところ、水に溶けやすいことから、汁物に利用されるようになり、「一汁三菜」という食の基本スタイルが確立されたと言われています。とはいえ、当時もまだ僧侶や武家など特権階級の食べ物でした。

室町時代には、大豆の生産量が増えます。農家で味噌を作るようになり、保存食として庶民にも浸透。調味料としてさまざまな料理に利用されるようになりました。戦国時代には、貴重なタンパク源として干す、焼くなど保存食にして戦場にも携帯。武田信玄は「信州味噌」、豊臣秀吉、徳川家康は「豆味噌」、伊達政宗は「仙台味噌」と、味噌作りを奨励する武将・大名も多く、各地の気候、風土、原料、製法を生かした名物味噌も登場していきました。

江戸時代になると「外食文化」の発達が拍車をかけ、味噌が使われる場面は増加。日本人の食生活になくてはならないものになっていったのです。

大豆から「味噌」ができるまで

蒸す、あるいは煮た大豆を潰す。
※豆味噌は蒸さない製法もある

↓

塩と麹を混ぜ合わせた「塩切り麹」と大豆の茹で汁（または水）を潰した大豆に混ぜて耳たぶくらいの硬さにする。

↓

桶に入れ、できるだけ空気に触れないようにして、重石をし、約8ヶ月から1年寝かせて発酵・熟成させる。

↓

完成！

↓

P79の一膳では、こんな料理に

↓

さらに幅が広がる、味噌の多様性

米味噌——米麹を使う
一番消費が多い。地域により色は赤系、淡色系が、味も甘口から辛口まである。
主に関東より東は、赤系で辛口が中心。

白味噌
米味噌の一種だが、米麹の割合が多く甘口。
西京味噌とも呼ばれる。
主な産地は近畿地方、岡山、山口、広島、香川。

麦味噌——麦麹を使う
塩分が低く、麦の芳香豊かでさらっとした甘味が特徴。
主な産地は九州、四国、中国地方。関東圏で作られるものは辛口が多い。

豆味噌——豆麹を使う
熟成期間が長く、黒っぽい赤褐色。濃厚な風味。甘味は弱く、渋み、旨味が強い。
主な産地は愛知、三重、岐阜など中京地方。
八丁味噌、三州味噌とも呼ばれる。

醤油

Shoyu

江戸以降大量生産化し
今や海外で「ソイソース」として普及

味噌と並び称される大豆調味料の代表格、醤油。使う用途は味噌以上に幅広いとも考えられます。まず、卓上調味料として、そのまま刺身をつける、野菜や肉、魚料理などに直接かけるなど。そして煮物、汁物など料理の味付け、隠し味としても用いられます。また、味醂や砂糖、出汁と合わせて、天つゆ、麺つゆ、焼き鳥、蒲焼、焼肉などのたれとしても活用。柑橘類と合わせてポン酢、酢や出汁と合わせて土佐酢、ドレッシングにも使われます。らっきょう、ニンニク、大豆などを漬けて保存を兼ねた常備菜にも活用。小魚、昆布などを砂糖とともに甘辛く煮詰めた、佃煮でも醤油は欠かせません。

そんな醤油のルーツは、味噌と同様「醤（ひしお）」と言われています。「醤油」という言葉が初めて文献に出てくるのは、室町時代、中期から後期にかけて編纂された古辞書『文明本節用集』のなかです。「奬醤」「醤奬」という記載でしたが、『多聞院日記』（1566年）には「醤油」という文字が登場。この時代に「醤」から「醤油」へ変化したようです。また、鎌倉時代、覚心という僧が中国から径山寺味噌の製法を持ち帰った際、味噌桶の底に溜まった液が、醤油の原型という説も有力です。

その後、明の時代の中国から、大豆に生の小麦を混ぜて醸す醤油の製法も伝わりました。日本では暫く大麦を使っていたようですが、江戸時代中期の百科事典『和漢三歳閤會』（1712年）に「大麦を使うとおいしくない。醤油は大豆と小麦を使う」と記され、以降小麦が使われるようになり、今日の濃口醤油に近い、風味の良いものが作られるようになったと言われています。と同時に、物流の発達も拍車をかけ工業的に量産され、庶民の生活に浸透していきました。またその土地の嗜好に合わせて工夫を凝らし、関東は濃口、中部は溜まり、関西は薄口など、多様性も生まれていきました。1800年頃から江戸で人気の料理となった寿司、蕎麦、蒲焼なども、醤油がなくては発達しなかった食文化と言えるでしょう。

また、戦後には肉に合う調理法として、醤油をベースとした「テリヤキ」をアメリカで販売。その後醤油は「ソイソース」として、海外でも広く知られ親しまれています。

大豆から「醤油」ができるまで

蒸した大豆と煎って砕いた小麦を混ぜ合わせ、種麹を加えて醤油麹を作る。

↓

醤油麹と塩水を桶やタンクで合わせる。これを「もろみ」という。

↓

時々撹拌しながら約6ヶ月発酵。
・大豆のタンパク質は旨味に
・小麦のデンプン質は甘みに
・乳酸菌の働きで香り豊かに、色もつく

↓

【圧搾】この状態でできたものを「生醤油」という。
※微生物が生きているので発酵が進む

↓

【火入れ】色、味、香りが整う。

↓

完成！

↓

P79の一膳では、こんな料理に

↓

さらに幅が広がる、醤油の多様性

日本農林規格（JAS）では、原料、製造方法、特徴などから、5種類に分類されている。

こいくち（濃口） 大豆と小麦の比率が半々。一般的に醤油と呼んでいるのはこれ。出荷量は約8割以上。

うすくち（薄口または淡口） 小麦が浅炒り、酒を加える。濃口に比べると色や香りは薄いが、塩分濃度は高い。

たまり（溜まり） 大豆中心で、小麦は使わない、もしくは使っても極少量。風味、色ともに濃厚。

さいしこみ（再仕込み） 仕込みの過程で、塩水のかわりに生醤油や醤油、うすくち醤油の諸味などを使用する。風味、色ともに濃厚。

しろ（白） 大豆が少なく、小麦中心で作られる。色は極めて薄いが塩分が強く、甘みもある。

豆腐

Tofu

江戸初期までは嗜好品
中期に流行し油揚げ、厚揚げなども登場

冷奴、湯豆腐などそのまま食べるのはもちろん、潰して野菜などを和えて白和えにしたり、煮る、炒める、そして油揚げや厚揚げなど、揚げた形でも重宝される、豆腐。味噌や醤油など、調味料ではないものの、その起源は同様に、中国と考えられています。紀元前2世紀に作られたという記述も見られますが、「豆腐」について明記された文献は唐の時代（618〜907年）まで何もないため、定かではありません。

日本へは、奈良時代に中国に渡った遣唐使によって伝えられたと言われていますが、文献に登場するのは平安末期。1183年、奈良・春日大社の神主の日記に供物として「春近唐符一種」と記されています。この頃から奈良、京都の寺院の僧侶たちが豆腐を作り始め、精進料理の普及とともに貴族や武家にも伝わり、室町時代には全国的にかなり浸透していったようです。とはいえ、江戸時代初期までは非常に贅沢品で、一般的には正月や盆、冠婚葬祭など特別な日にしか食べられないものでした。3代目徳川家康の時に出された『慶安御触書』には、農民には食べることはもとより、製造も禁じています。家光自身は、朝食の豆腐の淡汁やいり豆腐はじめ、昼も夜もと3食のお膳に必ず豆腐料理が含まれていたようです。

豆腐が普段の庶民の食卓にのぼるようになったのは、江戸時代の中期以降です。1782年に刊行された豆腐料理の本『豆腐百珍』が大人気になり、翌年、翌々年と続編が出版されました。油揚げ、厚揚げ、がんもどきなどは江戸で流行した天ぷらなどの揚げ物料理の1つと言われています。このほかにも、冬期に豆腐を戸外に出しっぱなしにしていたことにより偶然の産物としてできた「高野豆腐」なども含め、和食になくてはならない存在となっています。

ほうれん草のおひたし以外、
13品に使用。
おひたしに醤油をかければ、
すべてになります！

大豆から「豆腐」ができるまで

蒸す、あるいは茹でた大豆をすり潰して「生呉」にし、さらに茹でて呉汁にしたものを晒しの布でこして絞る（豆乳とおからに分かれる）。

↓

【木綿豆腐】一度にがりである程度固めたものを崩し、穴の空いた型に木綿を敷いて流し入れ、重石をして水分を抜きながら再び固める。

【寄せ豆腐・ざる豆腐】絹ごしを作る前段階、豆乳が固まり始めたタイミングを見計らって、お玉ですくい上げて容器に移す。

【絹ごし豆腐】木綿豆腐よりも濃い豆乳に、にがり（塩化マグネシウム）を加え、枠に入れて固める。

↓

完成！

↓

P79の一膳では、こんな料理に

↓

さらに幅が広がる、豆腐の多様性

油あげ 薄切りにして水を切った豆腐を油で揚げたもの。
味噌汁、炊き込みご飯に入れ流。甘辛く煮てそば、うどんの具やすし飯を詰めてお稲荷に。餅などを詰めておでんにも。

厚揚げ 厚切りの豆腐を揚げたもの。油揚げと違い豆腐の中までは火が通っていない。料理に入れたり、焼いたり、煮物に。

がんもどき 笹がきごぼう、人参、きくらげ、こんぶ、ごま、ぎんなん、麻の実などを混ぜ合わせて揚げたもの。関西では飛竜頭（ひりょうず）とも呼ぶ。おでんやお椀の種、煮物に。

高野豆腐 豆腐を凍結させ低温熟成したのち乾燥させた保存食。水で戻して煮物、揚げ物、焼き物などに。

湯葉 豆腐から作るのではなく、豆乳を温めた際、表面に張る膜をすくったもの。中国から豆腐が伝わった際に同時に伝わった。生湯葉と干し湯葉がある。

食のプロが
おすすめする

わが家で食べたい あんしんあんぜん ダイズ商品セレクション

構成｜鈴木朝美　写真｜上原タカシ

おすすめしてくださったプロフェッショナルの方々

- 吉川千明さん（以下、吉川）
  http://biodaikanyama.com/
  美容家・オーガニックスペシャリストとしてメディアなどで活躍中
- 良い食品づくりの会（以下、良い食品）
  http://yoisyoku.org/
  安全で美味しい食品を提供することを目的に発足。全国でイベントなどを開催
- オーガニック・キッチン（以下、OK）
  http://staging.organic-kitchen.co.jp
  心と体を整えることを第一に考えたお弁当が評判のお店
- オーガニックヴィレッジジャパン（以下、OVJ）
  http://ovj.jp/
  オーガニックと食育に関する情報発信やイベントなど、普及推進活動を展開

説：製品の説明文　推：製品の推薦者

只管《ひたすら》豆腐

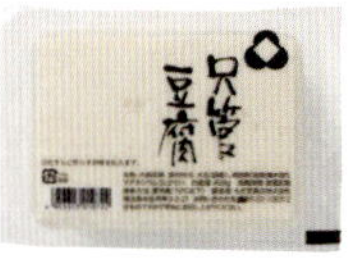

もぎ豆腐店株式会社
400g／540円（税別）
原材料：国産大豆、粗製海水塩化マグネシウム（にがり）

説 先代の味をひたすらに守り続ける三之助豆腐の、その名も「只管豆腐」。とろりとなめらか、上品で繊細な味わいが特徴です。

推 吉川◇濃厚な甘みがあって、口当たりの良い豆腐です。余計な調味料などはつけずに、ぜひそのまま食べてください。

青大豆おぼろ

有限会社大豆屋
300g／443円（税別）
原材料：国産大豆、粗製海水塩化マグネシウム（にがり）

説 農薬や化学肥料を使わずに栽培された「秋試緑」を100%使用したおぼろ豆腐。爽やかな色合いと青大豆独特の風味が後を引く美味しさです。

推 OVJ◇創業以来国産大豆100%の豆腐づくりを徹底した茅ヶ崎の老舗豆腐店。青大豆の豆腐は見た目も美しいです。

肴豆《さかなまめ》よせ豆腐

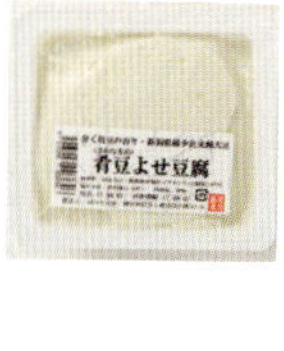

有限会社大豆屋
300g／339円（税別）
原材料：国産大豆、粗製海水塩化マグネシウム（海精にがり）

説 枝豆が酒の肴にピッタリということから肴豆という名が付いたという枝豆の豆腐。枝豆の濃厚な甘味と香りが楽しめます。

推 OVJ◇とても短い期間しか収穫できない新潟県産の稀少な在来種の枝豆を使ってつくられた珍しい豆腐です。

北の大豆 箱入り娘　生もめん

太子食品工業株式会社
360g／278円（税別）
原材料：北海道産丸大豆（遺伝子組換えでない）、粗製海水塩化マグネシウム（にがり）

説 豆腐への加工は難しいが、独特の甘味を持つ北海道産の大豆「ユキホマレ」にこだわった北の大豆シリーズ。「箱入り娘」は中でも美味しさを極めた豆腐です。

三才豆腐

有限会社三才
400g／400円（税別）
原材料：国産大豆、粗製海水塩化マグネシウム（にがり）

説 古式低温生搾り製法をベースに開発したオリジナルの豆腐製造機でつくられた三才豆腐。水、にがりも厳選し、独自の製法を追求した豆腐です。

推 ＯＶＪ◇天と地と人が調和している様を表わす「三才」をテーマに、こだわりの豆腐をつくり続ける、静岡県浜松市で人気の豆腐店の看板商品です。

北の大豆 無調整豆乳（にがり付）

太子食品工業株式会社
500㎖／278円（税別）
原材料：北海道産丸大豆（遺伝子組換えでない）

説 北海道産大豆「ユキホマレ」が原料。豆腐がつくれるくらい濃い成分無調整の豆乳です。添付のにがりで、豆腐づくりにチャレンジできます。

JAS 湧水豆腐 木綿

株式会社ヤマキ
300g／390円（税別）
原材料：国産有機大豆（遺伝子組換えでない）、粗製海水塩化マグネシウム（にがり）

説 原料は契約農園で栽培した有機大豆。伊豆大島の海精にがりで寄せ、消泡剤などの添加物は使わずにつくられた有機ＪＡＳ認証取得の木綿豆腐です。

推 ＯＶＪ◇創業は明治35年。地元の名水と吟味された有機大豆から生まれる豆腐は、伝承の技が生み出す逸品です。

豆腐工房「しろうさぎ」の豆乳

木次乳業有限会社
125㎖／130円（税別）
原材料：大豆（遺伝子組換えでない）

説 木次乳業地元の島根県産の大豆を使い、煮たり蒸したりせずに大豆を搾るという、生搾り製法の豆乳です。えぐみがなくまろやか。コクと甘味のある美味しさです。

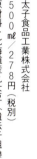

古今納豆　小粒

有限会社村田商店
80g／180円（税別）
原材料：長野県産丸大豆（遺伝子組換えでない）、納豆菌

(説)長野県松本市の濱農場で特別栽培した納豆専用の小粒大豆「スズロマン」を使用した手づくり納豆。

(推)良い食品◇長野県産のアカマツの経木に仕込んだ納豆は、小粒ながら大粒に負けないねっとり感が特徴。

どらいなっとう　くろまめ

有限会社村田商店
45g／500円（税別）
原材料：長野県産黒大豆（遺伝子組換えでない）、食塩、納豆菌

(説)長野県産の大粒の黒大豆を使用した乾燥納豆です。国産天日塩のみを使って薄味に仕上げました。納豆臭が少なく、サクサクした食感が特徴です。

(推)良い食品◇おやつやおつまみのほか、汁物にトッピングしたり、炒め物の具材としてもとても重宝します。

ちびっ娘納豆

菅野農園
100g／120円（税別）
原材料：長井市産大豆（遺伝子組換えでない）、納豆菌

(説)山形県長井市にそびえる朝日連峰の麓で農園を営む菅野氏の「納豆好きな我が子に安全な納豆を食べさせたい」という想いから生れた極小粒納豆。

(推)OK◇大豆は完全無農薬の自家栽培。袋もかわいくて、毎朝食べたくなる納豆です。

そでふり

有限会社下仁田納豆
120g／250円（税別）
原材料：国産丸大豆、納豆菌

(説)上品な甘みが特徴の北海道産大袖の舞大豆を使用した経木納豆。大粒の納豆ならではのふっくらと噛みごたえのある食感が楽しめます。

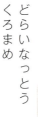

ひきわり納豆

株式会社登喜和食品
80g／240円（税別）
原材料：大豆（遺伝子組換えでない）、納豆菌

(説)大豆の酸化を最小限に抑えるために、北海道産の大粒「トヨホマレ」を製造の直前にひき割るという手間をかけてつくられたひきわり納豆です。

(推)OVJ◇添付のたれや辛子にも添加物は不使用。安全を追求した商品づくりに徹しています。

丹波黒　黒豆納豆

鎌倉山納豆　野呂食品株式会社
40g×2／500円（税別）
原材料：国産黒大豆（遺伝子組換えでない）、納豆菌

(説)丹波黒の最高級黒豆を納豆に。じっくりと発酵させた黒豆だから、わさび醤油か塩コショウでシンプルに、その旨味をひと粒ずつ味わいたい一品。

北の大豆納豆　小粒

太子食品工業株式会社
40g×2／144円（税別）
原材料：北海道産丸大豆（遺伝子組換えでない）、納豆菌

(説)原材料は北海道産の小粒大豆「ユキシズカ」。クセがなくて食べやすいのに、強いねばりと、粒が小さくてやわらかくしっかりした甘味食感が特徴です。

国産　音更納豆

地球納豆倶楽部・有限会社ワイツー
30g×2／280円（税別）
原材料：北海道産丸大豆、納豆菌

(説)北海道産大袖振大豆の選別を何度も繰り返した後に生まれた上質の「音更大袖振大豆」。特別栽培農産物ガイドライン基準で契約栽培した大豆を使った限定生産の納豆です。

(推)OVJ◇「安心安全な食」「環境に配慮した農業」を理念に、想いを込めて大豆本来の美味しさを生かしてつくられています。ていねいにつくられています。

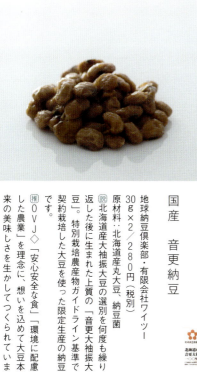

国産有機納豆　大粒

株式会社ヤマキ
80g／300円（税別）
原材料：国産有機大豆（遺伝子組換えでない）、納豆菌

説 稀少な国産の有機大豆を使用。経木で包み、むかしながらの炭火でじっくりと醗酵させた納豆です。有機JAS認証取得。

推 OVJ◇原料の大豆だけでなく、添付の醤油とからしまで有機にこだわったオーガニック納豆です。

国産大豆の水煮

株式会社ナチュラルハウス
230g／270円（税別）
原材料：国産大豆（遺伝子組換えでない）

説 余計な味付けはいっさいなし。シンプルに水煮した国産大豆のレトルトパックです。カレーやスープなどに加えて、手軽に豆料理を楽しんで。

推 吉川◇選び抜かれた上質の大豆をシンプルに水煮に。ふっくらとしていて、大豆の旨味がしっかり出ています。

有機蒸しミックスビーンズ

株式会社だいずデイズ
85g／250円（税別）
原材料：有機ひよこ豆、有機大豆（遺伝子組換えでない）、有機青えんどう、有機赤いんげん豆、有機黒いんげん豆、食塩、有機米酢

説 ひよこ豆やいんげん、青えんどうなど、5種類の有機栽培豆をミックス。蒸してあるので、そのまま食べても、料理のトッピングにも。

彩の国の発芽大豆彩7

有限会社飯塚商店
100g／オープン価格
原材料：埼玉県産在来大豆

説 埼玉県深谷市で昔ながらのもやしづくりを続ける飯塚商店。地元産の7種の在来大豆を、彩り豊かな美味しい発芽大豆に仕上げました。

推 OK◇貴重な在来種大豆を発芽させているので栄養も甘味が格別です。

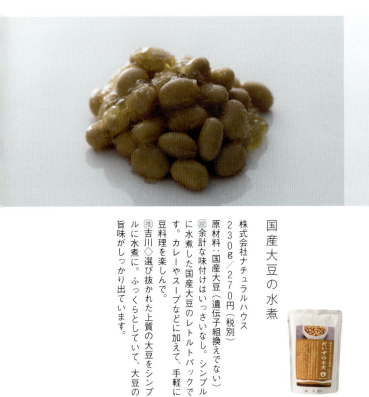

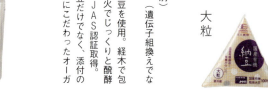

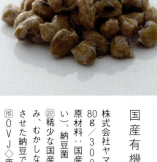

有機蒸し大豆

株式会社だいずデイズ
100g／250円（税別）
原材料：有機大豆（北海道産、遺伝子組換えでない）、食塩、有機米酢

説 北海道産の有機栽培大豆を100％使用。蒸すことで、大豆の旨味や栄養がギュッと閉じ込められています。そのまま食べても美味しい！

推 OK◇パックを開けるとすぐに使える手軽さがうれしい。水煮とは違ったホクホクとした大豆の素朴な味が楽しめます。

黒豆煮

有限会社久保食品
120g／463円（税別）
原材料：讃岐黒大豆、和三盆糖、麦芽水飴、本醸造醤油、食塩

説 ひとつひとつ真心込めて手づくりする、という店のポリシーがにじみ出た逸品。化学合成添加物は使用せず、厳選調味料で優しく味付けしています。

推 良い食品◇香川県産の大粒の黒豆と和三盆と、当会が勧める調味料でじっくりと炊き上げられています。

きくち村の「テンペ」

有限会社渡辺商店「自然派きくち村」
100g／371円（税別）
原材料：熊本県産大豆、米粉、テンペ菌

説 熊本県産の無農薬大豆と無農薬米粉をテンペ菌で発酵させてつくられたテンペは、肉の代わりにお料理に。そのまま焼いて食べるのもお勧めです。

推 吉川◇ふっくらしていて、とてもみずみずしいテンペです。もっちりとした食感も人気です。

豆汁《とうじゅう》グルト

プレーン・はちみつレモン味

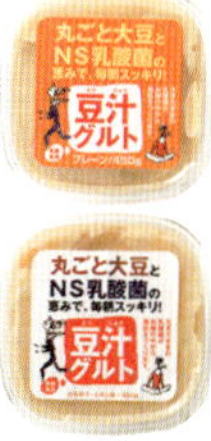

株式会社リブレライフ
各450g／各1，200円（税別）
原材料：国産大豆・米油・オリゴ糖他

説 丸ごとの大豆をNS乳酸菌で発酵させた、いわば大豆のヨーグルト。豆乳と違っておからも入っているので、大豆の栄養がそのまま残っています。

推 OK◇便秘に悩む人にお勧めしたい発酵食品です。毎日少しずつ食べて、おなかスッキリに！

＊写真はプレーン味です

大豆で元気

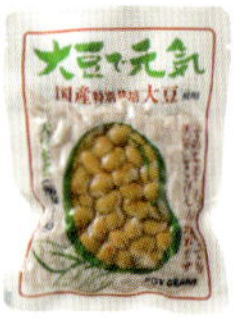

株式会社ヤマキ
100g／265円（税別）
原材料：国産大豆（遺伝子組換えでない）、食塩
説 特別栽培の国産大豆に、旧神泉村の名水「神泉水」と「海の精」の塩を使用した水煮大豆です。
推 OVJ◇創業以来、伝統の製法にこだわり続けるヤマキ醸造の理念が込められた逸品です。

ミックス大豆

べにや長谷川商店
300g／667円（税別）
原材料：大豆、黒豆、青大豆、間作大豆、黒千石大豆、鞍掛豆、紅大豆
説 北海道・遠軽町を拠点に、在来種の豆の栽培や普及に力を入れているべにや長谷川商店。当店が扱う大豆七種類がミックスされた人気商品です。
推 OK◇軽く炒ってから、お米と一緒に炊くだけで、ほんのり紫色でキレイなご飯が食べられますよ。

マルカワさんちのさといらず煎豆

マルカワみそ株式会社
80g／407円（税別）
原材料：国産大豆（遺伝子組換えでない）
説 国産原料、オーガニックにこだわるマルカワ味噌が自社農園で自然栽培した大豆「さといらず」をていねいに煎豆に。おつまみに最適です。

スーパー発芽大豆

株式会社だいずデイズ
100g／200円（税別）
原材料：北海道産大豆（遺伝子組換えでない）、食塩、米酢
説 発芽させることでGABAなどの栄養成分がアップ。北海道産特別栽培大豆を100%使用。蒸しているから大豆本来の味をシンプルに楽しめる発芽大豆です。

越前打豆

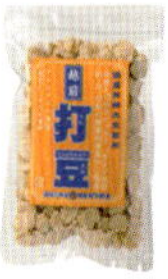

マルカワみそ株式会社
120g／370円（税別）
原材料：国産有機大豆
説 打豆とは福井県の郷土料理。石臼でつぶした大豆を乾燥させているので、短時間で火が通り、お料理にとても便利な食材です。国産有機大豆を使用しています。

ショップリスト（50音順）

- （有）飯塚商店
  048-571-0783
- （株）金沢大地
  076-257-8818
  http://www.k-daichi.com
- 鎌倉山納豆　野呂食品（株）
  0120-07-2632
  http://www.nattoyasan.com
- 菅野農園
  090-9636-0360
- 木次乳業（有）
  0854-42-0445
  http://www.kisuki-milk.co.jp
- （有）久保食品
  0877-49-5580
  http://www.kubosannotofu.co.jp
- （有）三才
  053-462-5668
- （有）下仁田納豆
  0274-82-6166
  http://shimonita-natto.c.ooco.jp
- 太子食品工業（株）
  0120-417-710
  http://www.taishi-food.co.jp
- （株）だいずデイズ
  0800-100-8682
  http://daizu-days.co.jp
- （有）大豆屋
  0120-133-102
  https://www.daizuya.co.jp
- （有）谷口屋
  0776-67-2202
  http://www.takeda-no-age.com
- 地球納豆倶楽部（有）ワイツー
  046-852-2100
  http://www.natto-club.com
- （株）登喜和食品
  042-361-3171
  http://www.tokiwa-syokuhin.co.jp
- （株）ナチュラルハウス
  0120-03-1070
  http://www.naturalhouse.co.jp
- べにや長谷川商店
  0158-46-3670
  http://www5c.biglobe.ne.jp/~kiyomi65/
- マルカワみそ（株）
  0778-27-2111
  http://marukawamiso.com
- （有）村田商店
  0120-710834
  http://murata.shoten.com
- もぎ豆腐店（株）
  0120-102312
  http://www.minosuke.co.jp
- （株）ヤマキ
  0274-52-7070
  http://yamaki-co.com
- （株）リブレライフ
  0120-31-0366
  http://www.riblelife.com
- （有）渡辺商店「自然派きくち村」
  0968-25-2306
  http://kikuchimura.jp

大豆テンペチョコ

株式会社登喜和食品
70g／350円（税別）
原材料：砂糖、黒大豆テンペ、カカオマス、他
説 国産黒大豆テンペをフリーズドライ加工し、苦味の効いたチョコでひと粒ずつコーティング。栄養豊かな黒大豆のヘルシーなおやつです。

豆乳ティラミス

有限会社三才
65g／300円（税別）
原材料：豆乳、クリームチーズ、生クリーム、砂糖、卵黄、レモン汁他
説 もっちりとした舌ざわりに、クリームチーズの酸味が効いた豆乳仕立てのティラミス。静岡県浜松市の三才豆腐店でのみ手に入る人気スイーツです。

オーガニック大豆珈琲

株式会社金沢大地
150g／940円（税別）
原材料：石川県産有機大豆
説 石川県の金沢と能登で有機農業に情熱を燃やす井村代表が営む金沢大地。その農園で栽培した有機大豆を焙煎したノンカフェイン珈琲。妊婦さんにも安心です。

菜種おあげ、太白おあげ

有限会社谷口屋
各2枚セット「絆」／2，900円（税別）
原材料：国産丸大豆（遺伝子組換えでない）、食用ごま油、塩化マグネシウム（にがり）
説 大正14年創業の老舗豆腐店谷口屋の菜種おあげと太白胡麻油で揚げた太白おあげ。手づくりの大きなおあげは絶品です。
＊写真は「菜種おあげ」です

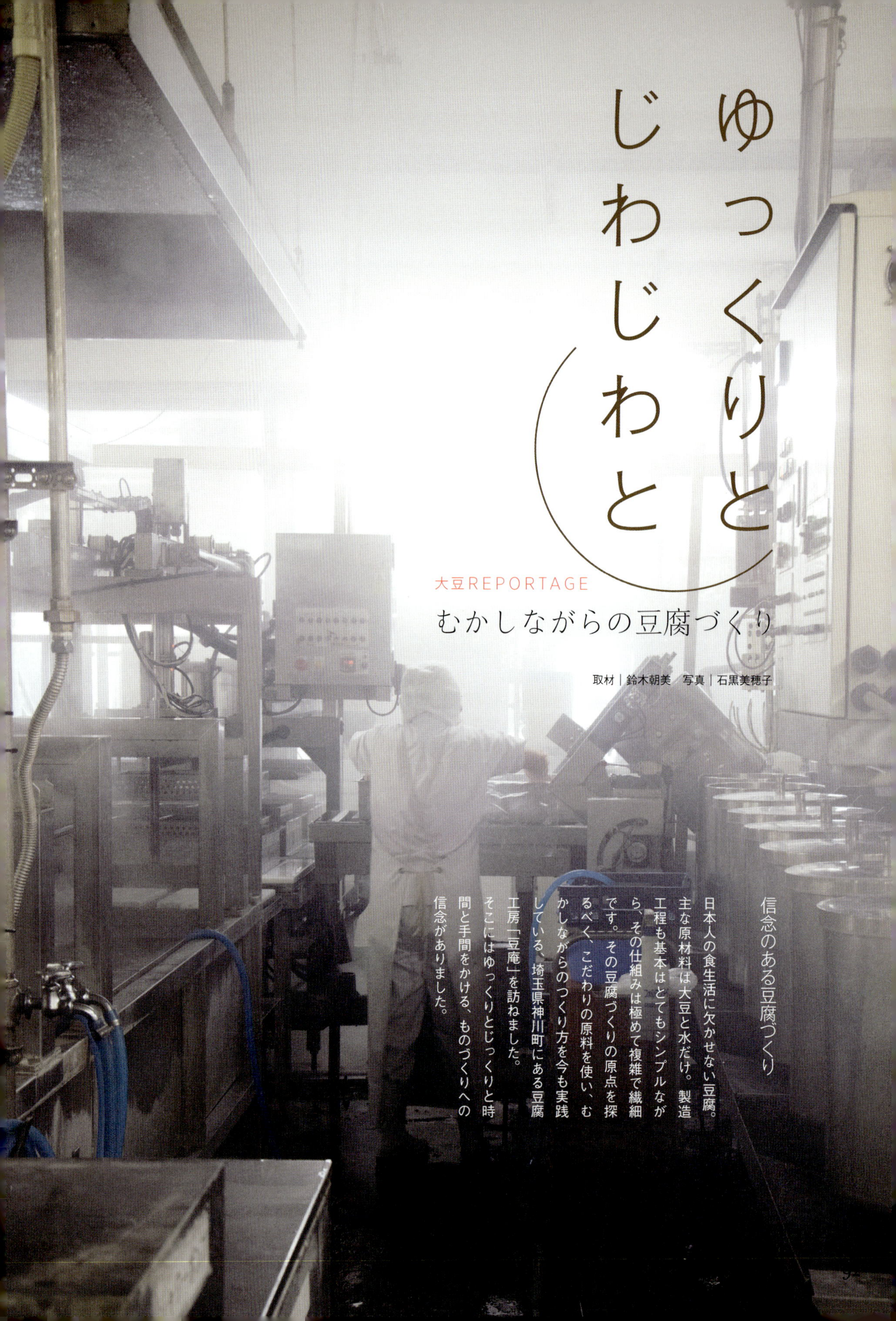

ゆっくりと じわじわと

大豆REPORTAGE

むかしながらの豆腐づくり

取材｜鈴木朝美　写真｜石黒美穂子

信念のある豆腐づくり

日本人の食生活に欠かせない豆腐。主な原材料は大豆と水だけ。製造工程も基本はとてもシンプルながら、その仕組みは極めて複雑で繊細です。その豆腐づくりの原点を探るべく、こだわりの原料を使い、むかしながらのつくり方を今も実践している、埼玉県神川町にある豆腐工房「豆庵」を訪ねました。

そこにはゆっくりとじっくりと時間と手間をかける、ものづくりへの信念がありました。

朝は早いけれど
豆腐づくりはゆっくり
時間をかけて

ヤマキ醸造グループの豆腐工房「豆庵」

明治35年創業以来100年以上に渡り、味噌や醤油などの大豆加工食品をつくり続けているヤマキ醸造。このグループのひとつである「豆庵」は、国産有機栽培・特別栽培の大豆を使った、風味豊かな豆腐が評判の豆腐工房です。

「豆腐屋の朝は早い」という言葉は本当でした。まだ朝8時だというのにすでに工房はフル稼働。一歩足を踏み入れた途端、大豆の香ばしい香りとともに、もうもうと湯気が立ち込めています。その湯気の先には、たくさんの大きな機械と職人さんたちの姿が見えてきました。一日約3千丁もの豆腐を生産するこの工房では、大部分が機械化されているものの、かなめとなる部分は手作業を残しています。機械による安定した作業に、熟練の職人の勘と経験が加わり、伝統の味と鮮度を守り続けているのです。

ひと工程ずつ じっくりとていねいに

早朝から約3千丁もの豆腐をつくるというのですから、スピーディに作業が進められているのかと思いきや、驚くことにその工程はスローペース。ひとつひとつ時間をかけて進められていきます。

まずは大豆を水につけることから。季節や気温の変化に合わせて浸漬時間を細かく調整しながら、たっぷり水を吸わせます。その後、大豆に徐々に熱を加えながら煮沸。そして潰した大豆を豆乳とおからに分け、豆乳の方にニガリを投入し攪拌《かくはん》します。豆乳に海水からつくられたニガリを入れると豆腐に変化するのですが、それはまるで魔法のよう。陸の大豆と海のニガリが反応しあって生まれる、とても神秘的な瞬間です。

ニガリを投入したあと、ゆっくりと豆乳が固まっていくのを待ちます。きぬごし豆腐はそのまま固まるのを待つだけですが、もめん豆腐は固まってきた豆腐をならし板に移します。それは、職人の手仕事。100℃に近い湯気と戦いながら均等にならすことはとても難しく、ここで手を抜くと製品の味や舌触りに大きく影響するため、妥協は許されません。ならし板は高温でしかもとても重い。熟練の業と意地を見せつけられました。

1

2

3

1.「豆庵」は年中無休。2. 作業工程の随所に職人の手作業が。季節ごとの気温の変化などを見極めながら、繊細な作業が続きます。3.「豆庵」の豆腐に使う大豆は、厳選した国産有機栽培・特別栽培のもののみ。安心・安全・健康にこだわるからこその原料

「ここの自慢？
それは原料の大豆です」

工場長　小見恵一さん

豆庵

豆庵豆腐工房の豆腐のつくり方

美味しさのために ひたすら手間をかける

ならし板に移したもめん豆腐は、じわじわと圧力をかけて水分を抜きます。水にさらしてカットし、パッケージに。このあと、もうひとつ手間をかける作業が待っています。2時間近い時間をかけてゆっくり冷却するのです。一気に冷やすと味が変わってしまうというのがその理由ですが、ここまで何度も目にしたじっくり時間をかける工程のすべてが、豆腐の味を守るため。なめらかな食感やきめ細かい舌ざわり。なにより大豆本来の旨味あふれる味わいを守るために、ひたすらに手間をかけます。美味しい豆腐をつくるための信念が込められているのです。

じっくり

1 じっくりと水に浸した大豆を煮沸。大豆のひと粒ひと粒も大切に。

↓

2 煮沸し柔らかくなった大豆は、潰したあと、豆乳とおからに分ける。

↓

3 ニガリを豆乳に。豆庵のニガリは海水からとった天然のものしか使わない。

4 かたまり出した豆腐をならし板に。この道20年の職人の腕のみせどころ。

↓

5 徐々に圧力を強くしながら、水分を抜いていく。少しずつ、がポイント。

少しずつ

↓

6 水に落としてさらす。使用する水は地元神泉の名水。

7 カットした豆腐をパッケージに。割れや異物混入を厳しくチェック。

ゆっくり

↓

8 完成した豆腐を、2時間近く時間をかけてゆっくりゆっくり冷却。

↓

9 完成した豆腐は全国各地のお店に出荷する。ここだけはスピーディに。

「勤めて約10年。今でも毎日食べても飽きません」

品質管理担当　高田早紀さん

厳選した大豆と良い水　豆腐はその二つだけ

案内してくださったのは、工場長の小見恵一さんと品質管理担当の高田早紀さん（写真）。見学の最後に、できたての豆腐をごちそうしてくれました。まだほんのり温かい豆腐はのどごしが柔らかく、大豆の甘味が口いっぱいに広がります。「本当に美味しい豆腐というものをここで知りました。毎日食べてもぜんぜん飽きません」と高田さんがおっしゃる理由がわかります。

最近ではニガリは凝固剤に変わり、泡を切るために消泡剤を使うことが主流になっています。でも、「豆庵」では化学的なものは使わず、そして、じっくり時間をかける手間を惜しみません。これが美味しい豆腐をつくる秘訣。これこそがむかしながらの豆腐のつくり方なのです。

「美味しい豆腐づくりには、厳選した大豆と良い水が重要です。なぜなら、豆腐の材料はこの二つだけだから。「豆庵」で使う大豆はグループ会社の農業生産法人「豆太郎」が栽培し、水は地元の神泉の名水を使っています」と高田さん。ヤマキ醸造はこの名水が豆腐づくりに最適だと惚れ込み、ここに移転してきたのだとか。

そして、本社周辺には「豆太郎」の農場が広がっています。また、秋田にも「豆太郎」の契約農場があります。「豆庵」ではこれらの農場で、農薬や化学肥料を使わずに栽培した大豆のみを原材料としています。

小見工場長にここでできる豆腐の自慢をうかがったところ、「原料の大豆ですね」と間髪入れずに答えが返ってきました。数々の大型機械や熟練の職人がそろっているにもかかわらず、原料の大豆が美味しさの決め手と言ってしまう。その商品への強い自信に、豆腐づくりへの心意気を見たような気がしました。

1.「豆庵」人気商品の湯葉。高温の豆乳から湯葉を一枚一枚すくう作業は神業級。2. 厚揚げづくりにも職人の技がひかります。固めに仕上げたもめん豆腐を慎重にカットして。3. 一番搾りの菜種油で二度揚げする「絹ごしがんも」。ふわりと柔らかな食感は一度裏ごしした豆腐を使っているから

ヤマキ醸造グループ　豆庵 豆腐工房

〒367-0311　埼玉県児玉郡神川町大字下阿久原955

Tel: 0274-52-7070 ／ http://www.yamaki-co.com

実は栄養の固まりだった

すごい！大豆もやし

取材｜鈴木朝美　写真｜上原タカシ

もやしというと、何をイメージしますか？ シャキシャキとした食べごたえで低カロリー。スーパーなどで手軽に買うことができる家計の味方。その上、大豆イソフラボンや食物繊維、カリウム、カルシウムなどの栄養価も高い優秀食材です。でも、もやしの中でも大豆が発芽した「大豆もやし」が、大豆やほかのもやしに比べて、ビタミン類などさまざまな栄養を豊富に含んでいることを知っている人はあまり多くいないはず。

この大豆もやしの有用性にいち早く着目し、2015年10月に「大豆イソフラボン子大豆もやし」を機能性表示食品として販売開始したのが、株式会社サラダコスモです。栄養価の高い大豆もやしの素晴らしさを広く知ってもらいたいという思いから、機能性表示食品として商品開発することを決意したのだとか。その開発過程では、大豆もやしを研究すればするほど、多くの栄養素を含んでいることがわかったそう。その大豆もやしのすごいパワーを、研究結果をもとに教えていただきましょう。

緑豆もやしを超える大豆もやしのパワー

もやしと一口に言っても、豆によって種類が違い、最も一般的な緑豆もやしと大豆もやしでは、栄養成分量がずいぶん異なります。それぞれの100g当たりの量を比較すると（図1）、緑豆もやしを1とした場合、大豆もやしの方が上回っている成分が多いことがわかります。ビタミンEであるトコフェロール類は5倍以上。抗酸化作用が肌の老化や肌荒れ防止に効果があると言われている成分です。さらに、ビタミンKは飛び抜けて高く、新しい骨の形成を促進する働きが期待できます。ほかにも、カリウム、カルシウム、ビタミンB1など、緑豆もやしに比べて2倍以上の成分が多く存在し、もやしとひとまとめにはできない大きな違いがあることがわかります。

“同じように見えるけど
大豆もやしはひと味違う”

緑豆

ブラックマッペ

大豆

もやしは3種類

もやしには大きく分けて3種類あり、豆による違いがあります。最も一般的なもやしは「緑豆もやし」。緑豆を発芽させたものです。「ブラックマッペ」は黒い豆から生れたもやしのこと。クセがなく、シャキシャキとした食感です。大豆を発芽させたものが「大豆もやし」。豆が付いているのが特徴です。

〈図1〉緑豆もやしと大豆もやしの成分量比較（緑豆もやしを1とした場合）

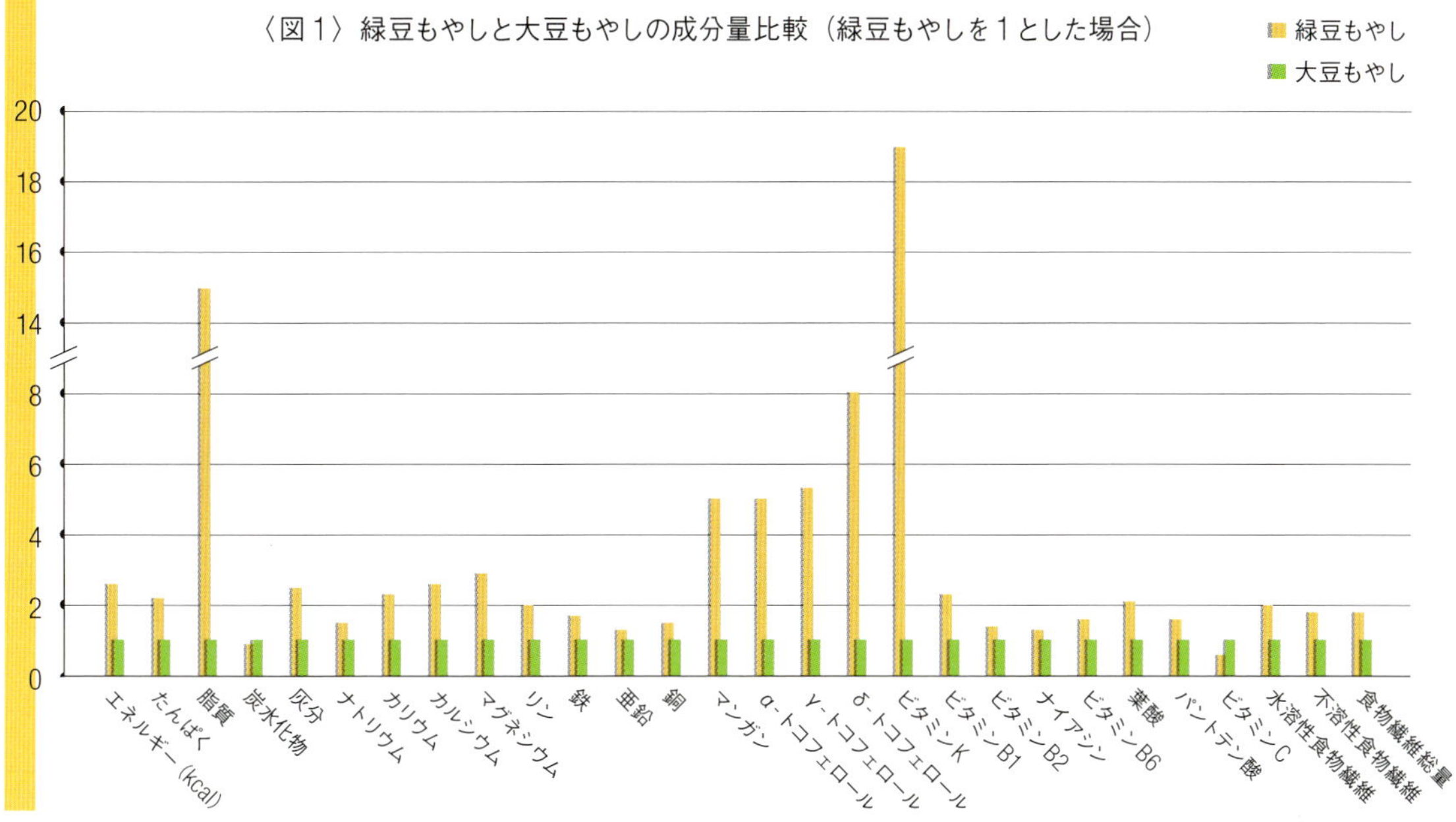

骨を丈夫にする
大豆は〝総合骨食品〟

女性が美しくあるために欠かせない栄養素として有名なイソフラボン。イソフラボンは女性ホルモンのエストロゲンと分子形がよく似ているため（図2）、同様の働きをすると言われていますが、大豆には大豆イソフラボンが豊富に含まれています。閉経後の女性は女性ホルモンが減少するため、骨《こつ》粗鬆症《そそうしょう》になる危険性が高まると言われています。それは女性ホルモンのエストロゲンが不足し、古い骨を壊す作用を持つ破骨細胞の働きを抑制する力が弱まってしまうからです（図4）。こうした状況において、大豆イソフラボンは女性ホルモンのエストロゲンの代わりとなって、破骨細胞の増殖を抑制し、同時に骨芽細胞が新しい骨を作る働きを促進する作用が認められています。大豆イソフラボンは骨を丈夫に保つために、重要な働きをする栄養素なのです。

そもそも、骨粗鬆症学会の「骨粗鬆症予防と治療のガイドライン」では、骨粗鬆症の予防に推奨される食品として、大豆や大豆商品が多く表示されています（図3）。骨の材料となるカルシウムや、骨の形成を促進するビタミンK、ビタミンDが大豆には含まれているからです。骨を健康に保つための働きが期待できる栄養素がたっぷり詰まった大豆と大豆食品は、〝総合骨食品〟と言っても過言ではないかもしれません。

> “大豆は
> 大豆イソフラボンが
> とても豊富”

〈図2〉

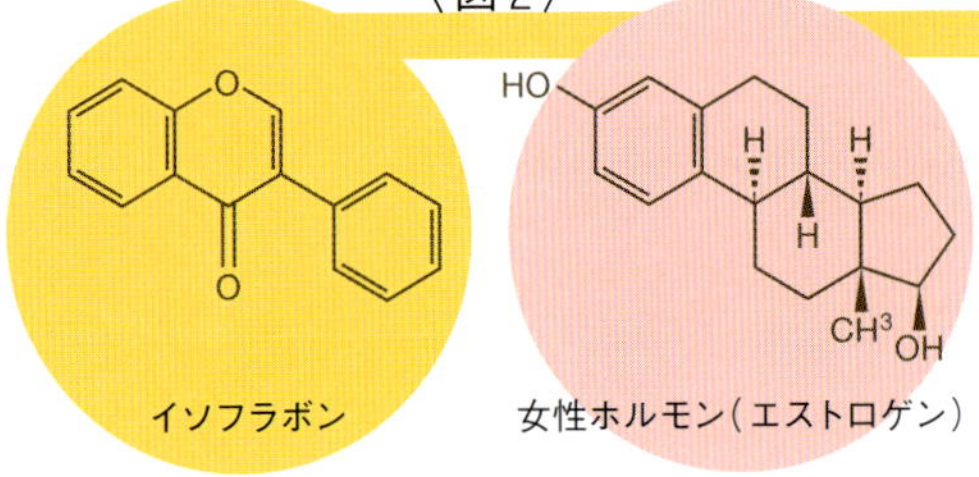

〈図3〉骨粗鬆症の予防に推奨される食品

●カルシウムを多く含む食品 （牛乳・乳製品、小魚、緑黄色野菜、大豆・大豆製品）
●ビタミンDを多く含む食品 （魚類、きのこ類）
●ビタミンKを多く含む食品 （大豆もやし、納豆、緑色野菜）
●たんぱく質 （肉、魚、卵、大豆、穀類など）
●果物と野菜全般

骨粗鬆症の予防と治療ガイドライン2011年版より

〈図4〉大豆イソフラボンが骨を健康にするメカニズム

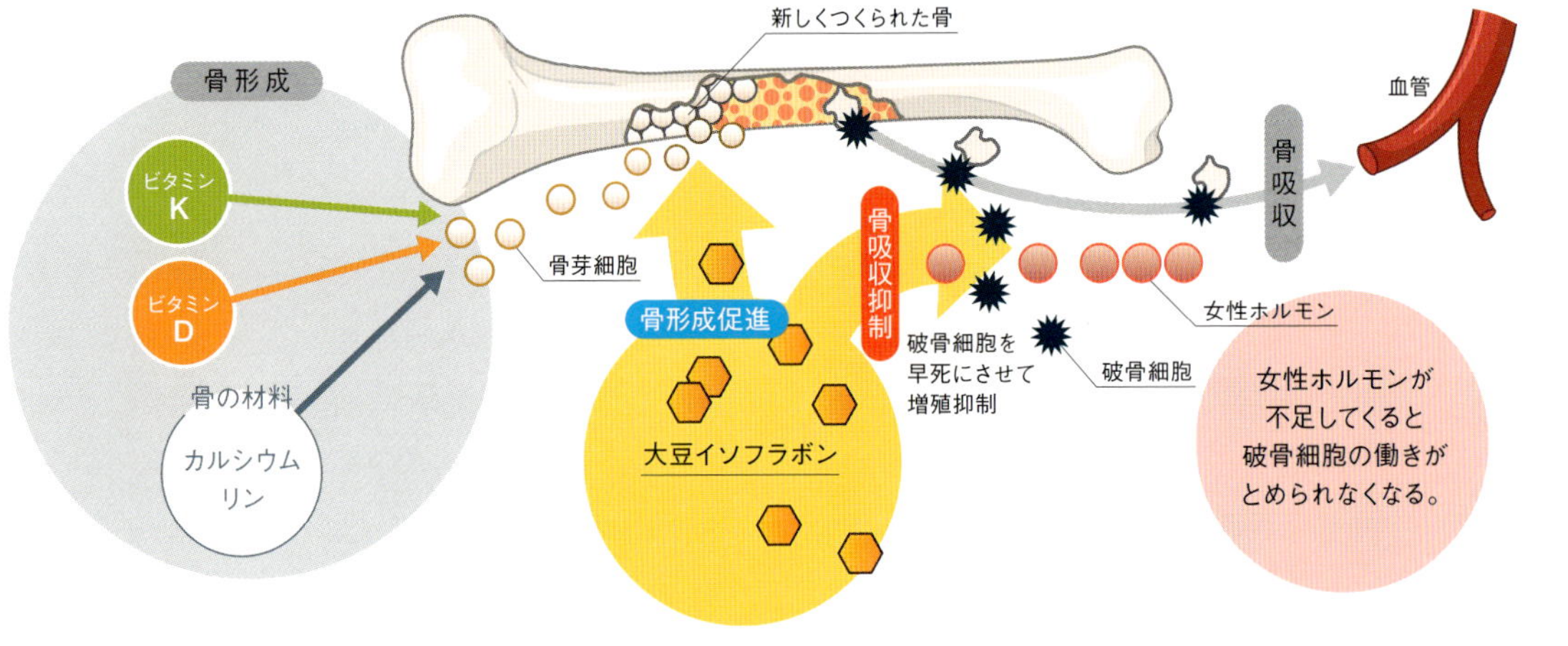

GABAの増加は なんと45・7倍！

もやしの名前は、目が出るという意味の「萌ゆ」が由来。それが「萌やす」と変化し、名詞形の「萌やし」になったと言われています。

大豆を水に浸けておくと、芽が出てきます。その芽が伸びたものが大豆もやしで、たったの8日間で商品として出荷されるほどに成長します。芽が伸びるのと同時に、栄養分もアップします。植物にとって発芽の時がもっとも虫や菌などの外敵に侵されるリスクが高まるため、その防衛に抗菌力や抗酸化力のあるビタミンなどの栄養素が増加するのです。

大豆と「大豆イソフラボン子大豆もやし」に含まれる成分を比較したところ、さまざまな栄養素が確実に増えているのがわかりました（図5）。特に、ストレスを和らげ、興奮した神経を落ち着かせる働きのあるGABAの増加は45・7倍と著しく、ストレスの多い現代社会に生きる私たちには欠かせない食品と言えます。また、葉酸も4・3倍。ビタミンB_2は2・6倍にもなっています。そのため、「天然のサプリメント」と呼ばれることもあります。

“発芽の時に栄養分が増加する”

0日目　3日目　8日目

たった8日で！

〈図5〉「大豆イソフラボン子大豆もやし」の発芽パワー（大豆を1とした場合）

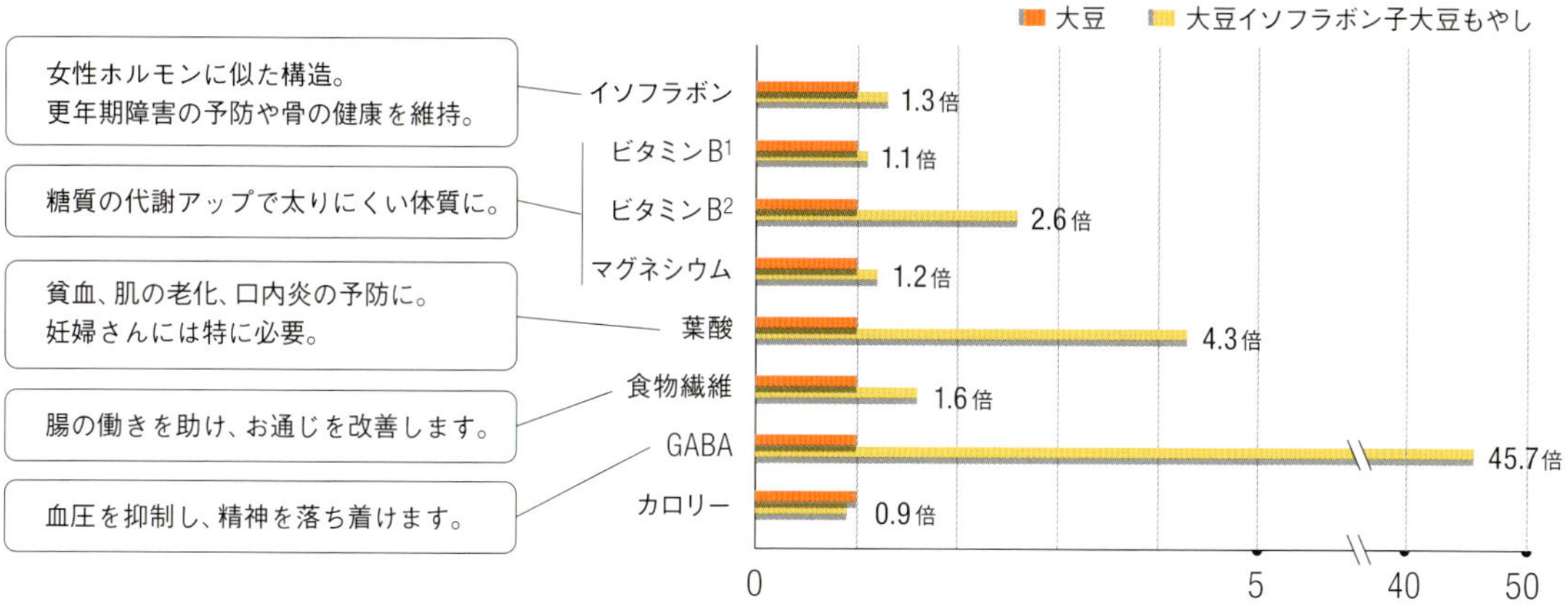

ビタミンC含有は大豆もやしのみ

豆腐や納豆などの大豆加工食品も、体にいいことで知られていますが、大豆もやしはこれらと比較しても、さまざまな栄養素が高いことがわかりました。100kcalあたりの成分量が大豆と比べて3倍以上増加している栄養素が四つもあります。葉物野菜に多いビタミンである葉酸の量が多く、大豆もやしは葉物野菜と豆の良さを両方兼ね備えています。GABAの数値は断トツで高く、ビタミンKは納豆には劣るものの、高い数値を示しています。ビタミンCにいたっては、ほかの大豆食品には含まれていないため、大豆もやしの一番の特徴と言えるでしょう（図7）。

軒並み豊富なビタミンB群

大豆もやしがほかの大豆加工食品より多く含む栄養素はまだあります。ビタミンB_1、B_2、B_6や水溶性のビタミンであるパントテン酸など、肌をつくりだすために必要な栄養素であるビタミンB群が軒並み高いことに驚きます（図8）。大豆もやしは大豆加工食品の中でも取り分け優秀な食品であることがよくわかります。

“大豆加工食品の中でも高い栄養素”

〈図7〉3倍以上増加している栄養素

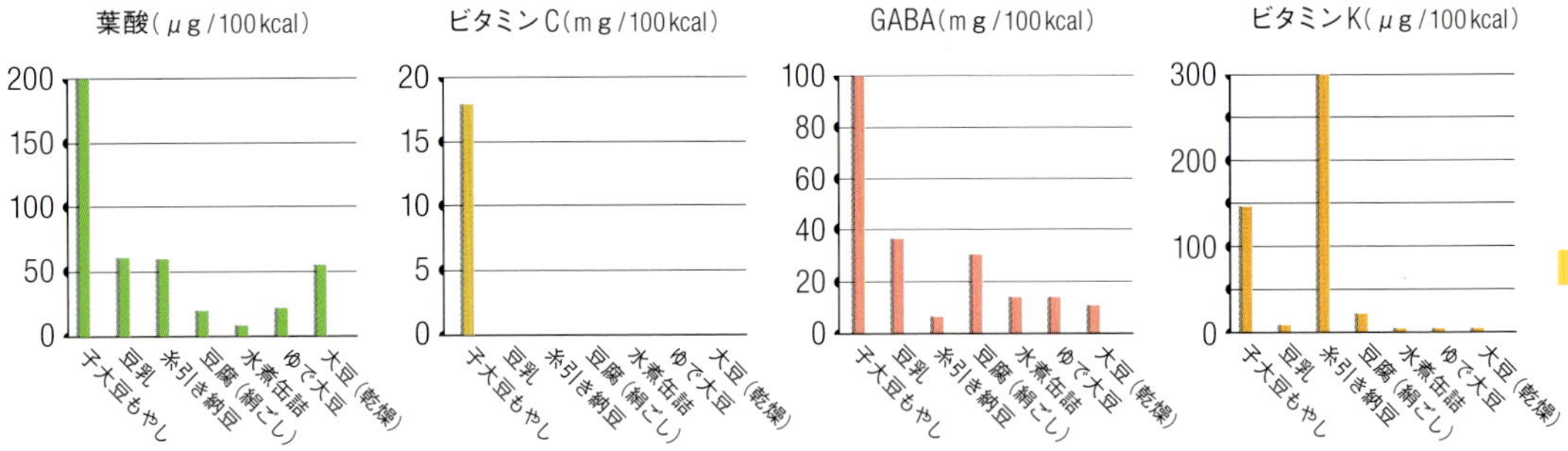

〈図8〉大豆加工品の成分量比較（大豆種子を100とした場合）

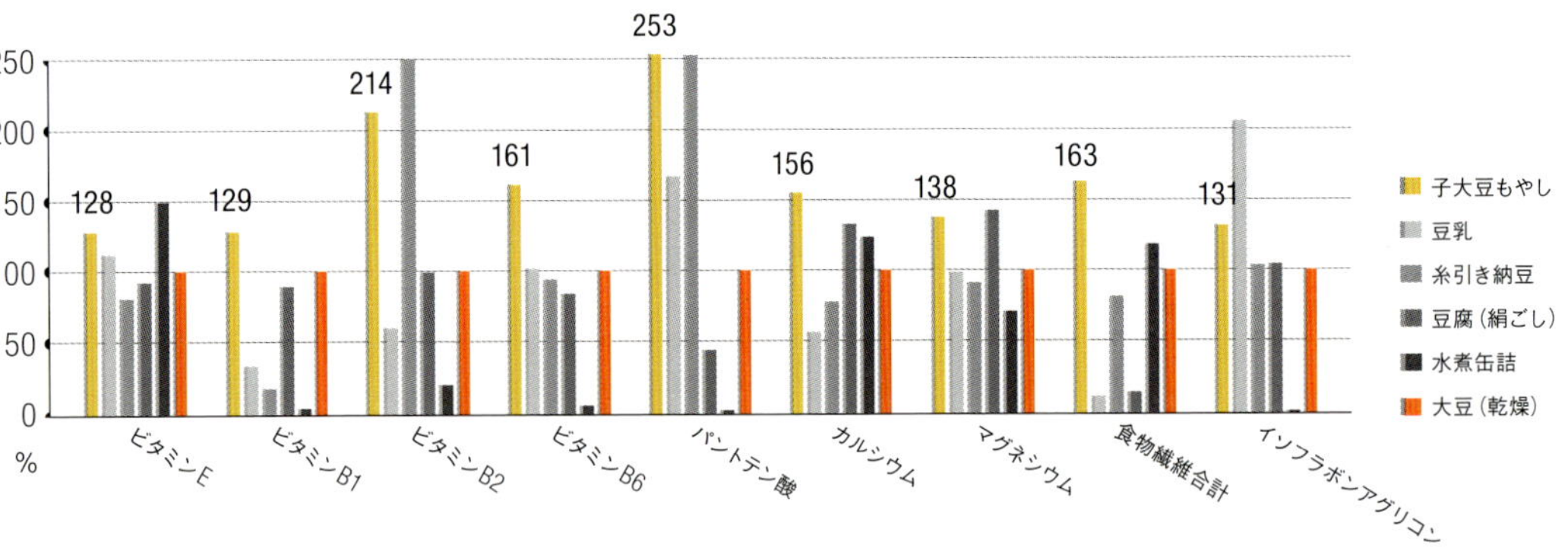

栄養をしっかり残す 画期的な包材

株式会社サラダコスモのさまざまな研究結果から、大豆もやしのすごさが理解できたと思いますが、同社が研究を始めた頃は、ここまで栄養が豊富だと想定していなかったと言います。調べれば調べるほど栄養価の高さに驚き、大豆もやしの魅力をたくさんの方に知ってもらいたいと思い始めたのだとか。

こうした大豆もやしの価値を広めるために、株式会社サラダコスモは商品パッケージの開発にも独自の工夫を凝らしました。「大豆イソフラボン子大豆もやし」は電子レンジで調理できるパックが採用されています。これは、袋のまま電子レンジで加熱するだけで、すぐ食べることが可能なだけでなく、大豆もやしの大切な栄養素を守ることが最大の強みなのだそうです。大豆もやしは調理の過程で、煮汁に流れ出てしまったり、高熱で壊れてしまう栄養素が多いのですが、このパッケージでレンジで調理すると、茹でたり炒めたりしたときには70%以下になってしまう大豆イソフラボンの量が、ほぼ100%残ります（図9）。また、抗酸化力が84%も残ることもわかったため、機能性表示食品化をきっかけに導入されました。

「誰もが手軽に大豆もやしの豊富な栄養を、余すことなく味わって欲しい」。株式会社サラダコスモの大豆もやしの研究と商品開発にかける思いが、日本の食文化をもっと豊かにしてくれそうです。

“大豆イソフラボンを
もっと効率的に
もっと手軽に”

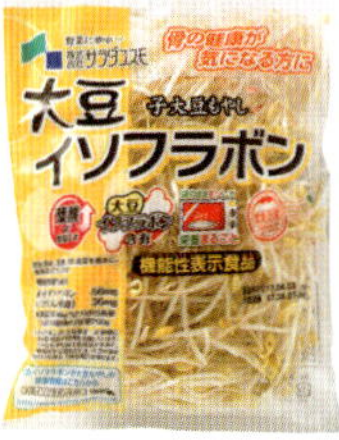

日本初の野菜の機能性表示食品
「大豆イソフラボン子大豆もやし」
200g／70円（税別）

〈図9〉調理法によるイソフラボン残存率
（生を100%とした場合）

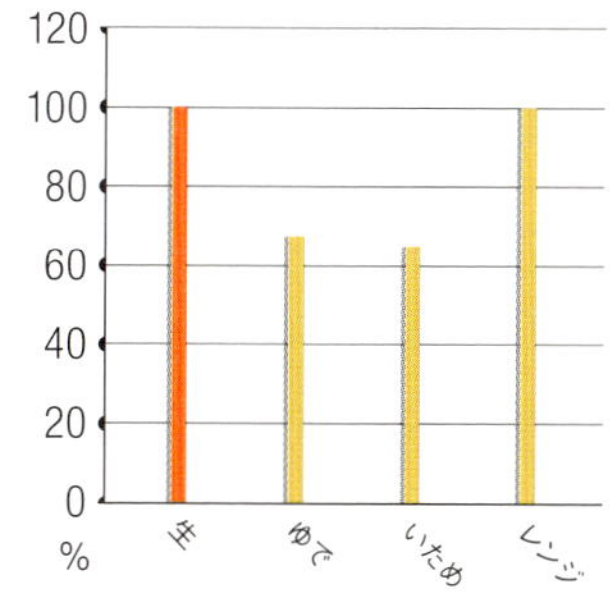

右：オーガニック大豆もやし　およそ80円（税別）
左：オーガニック緑豆もやし　およそ60円（税別）
各200g
株式会社サラダコスモ
Tel:0573-66-5111
http://www.saladcosmo.co.jp/

日本初！ 有機JAS認定 オーガニックもやし

もやしの見た目を良くするために、漂白するのが当たり前だった1970年代。その頃から株式会社サラダコスモは、安全性を重視した無漂白のもやし販売を行っていました。「大豆イソフラボン子大豆もやし」に続き、発売されたのが有機JAS認証取得の「オーガニック大豆もやし」と「オーガニック緑豆もやし」です。これまでは有機JAS規格に含まれていなかったスプラウト類が、2016年1月に規格対象となったことを受け、即座に有機JAS認証を受け商品化した、日本初、業界初のオーガニックもやしです。「オーガニック大豆もやし」の方は、そのままレンジで温められるレンジパックを採用しています。

冬の北の大地と生産者が教えてくれた美味しい大豆の理由。

冬にさしかかろうとしている北の大地では、
自然の力が詰まった大豆が、まさに収穫直前だった。
そこに、美味しい大豆のひとつの答えがあった。

文｜種藤 潤（OVJ） 写真｜野口昌克 協力｜株式会社だいずデイズ

1

2

3

養分を極限まで実に行き渡らせるために

北海道札幌市の東方、自動車で1時間半ほどの場所にある南幌町に訪れたのは、11月。早朝は凍えるような寒さ。日の出直前の畑の大豆の枝や実には、びっしりと霜が付いていた。しかしそこに徐々に日光が差し込みはじめると、広大な大豆畑一帯は、プラネタリウムのように、空間全体を刻一刻と色彩を変化させていく。その圧倒的なスケール、そして繊細な色あいの変容は、どんなデジタル技術を駆使しても再現できないだろう。

　そんな大豆を育む大地の美しさの余韻に浸るのもつかの間。日が昇ると、大豆の収穫がはじまった。日の出後の畑は、早朝の景観とは対照的な、まもなく枯れ落ちてしまいそうな、茶褐色の株が並んでいた。が、あえてその状態にしているという。大豆の養分をギリギリまで実に行き渡らせるためだ。

4

5

機械の力に極力頼らず乾燥も自然の力で

大型コンバインで一気に収穫する生産者が大半のなか、この畑ではひと株ずつ小型の機械で刈り取っていく。時間はかかるが、株には傷が付かない。また、房が付いた状態で株がそのまま収穫ができるのだが、この理由は、後述。

収穫した大豆は、ビニールハウスを改造したオリジナルの「乾燥室」に積み上げられる。近寄ると、「プチッ」と乾いた音が。大豆が乾燥し殻が弾ける音だ。これまた大半は火力で強制的に乾燥させるのが一般的だが、ここではあえて風通りのいい状態を作り、自然乾燥をさせる。また、乾燥時に枝と房がつながった状態にしておくこともポイントだ。茎や枝に蓄えられた養分が、乾燥が終わる直前まで、実に行き渡るという。

まさに、大地の力を極限まで大豆の実に行き渡らせるための収穫と保存の手法と言えよう。

10

9

大地の力を極限まで引き出す
自然の形を生かした収穫と乾燥
想いは次世代に引き継がれる

良い大豆を作るため3人で試行を重ねる

この手法を実践するのが、南幌の地で30年以上有機農業を実践する、土井弘一さんだ。現在は近隣で同様に有機農業を営む渡邉信光さん、佐藤真人さんの3人で、大豆をはじめとする有機農業の生産に取り組んでいる。

手間と時間はかかる、と3人とも苦笑いはするが、表情は明るい。土井さんオリジナル「乾燥室」はこの年からはじめたというが、渡邉さんと佐藤さんも「うちでもやってみようかな」と、疑問点などをあれこれ質問をし、土井さんはそれにひとつひとつていねいに答える。より良い大豆を生み出すために、3人とも好奇心を絶やさない。

佐藤さんはまだ40代前半。土井さん、渡邉さんとともに有機農業をしていた父から跡を継いだ。美味しい大豆づくりの絆は、次世代に着実に受け継がれている。

1.11月の収穫直前の大豆畑の日の出の瞬間の様子。2.早朝の大豆の房には、霜がびっしり付いていた。3.大豆畑の収穫。一株ずつ刈り取り、株そのままの状態を保つ。4.有機農業を実践する土井さんは、堆肥も自ら作る。5.土井さんオリジナルの「乾燥室」。積み重ねた大豆全体に風が行き渡る工夫がされている。6.左から土井弘一さん、渡邉信光さん、佐藤真一さん。7.自然乾燥する大豆からは、房がはじけ「プチッ」という音が聞こえる。8.佐藤さんは3人の中で次代を担う若手ホープだ。9.乾燥させた大豆を脱穀する様子。10.脱穀した大豆は選別機も使うが、人の目でもチェックする。11.土井さんの乾燥した大豆を口に運ぶと、日の出の畑の景色の美しさが凝縮したような、多様かつ奥行きある自然の甘みにあふれていた

11

服部幸應 監修

食育がわかる決定・保存版!

新版「食育の本」

食の安心・安全をになうのは食育だ!

絶賛発売中!
2017年7月20日発売
定価1800円+税

この10年で全国津々浦々、各地で草の根活動として食育は広がってきました。

そしてこれからの5年、10年、もっと加速度がついて広がります。

それは日本だけでなく世界に広がっていきます。その基本となる考え方や実践ノウハウがこの一冊に詰まっています。

食育の3本柱

共食力/選食力/地球の食を考える

食育は食べ方の教育です。2005年6月、「食育基本法」が誕生しました。

これは日本の教育の3本柱といわれる「知育」「徳育」「体育」に「食育」が加えられ、学校教育としても成立したことを意味しています。

しかし、なぜ学校教育に「食育」を加えなければならなかったのでしょうか。箸が上手に使えない。

孤食や偏った食生活、食物アレルギーや生活習慣病の増加、さらに家庭の味（おふくろの味）を知らない子どもが増えました。

核家族世帯が8割を超え、食卓などでの家庭教育の担い手であった祖父母がいなくなり、
家族の風習や礼儀作法の伝承が欠落してきたからだと私は思っています。

ここに「食育」を法律にまでしなければならない現代日本の社会事情があります。

そしてこれは日本のこれからの食文化に大きな影響を与えます。………………服部幸應

CONTENTS

●基礎編▶食育「3つの柱」
❶選食力を養う
食材選びのポイント　野菜、肉、魚介類
伝統的な和食が一番ヘルシー
❷共食力を身につける
6つのコ食／食事作法を学ぶ／夫婦で食育
❸地球の食を考える
日本の危ない食糧事情／食料自給率を考える
放射能に気をつける食育
●実践編
家族で野菜をつくろう!
生ゴミリサイクル野菜づくり
日本の水を地産地消で楽しむ
●レポート編
しあわせ米の田んぼの生き物調査
築地市場見学&のり巻き体験
●日本の食文化探訪
蔵元を訪ねる　庄分酢　丸中醤油
●食育最新データ編 ●食育キーワード集
●クレヨンハウスが選ぶ未来を育てる絵本

媒体概要
監　修●服部幸應
判　型●B5判変形　ページ数／200pオールカラー
定　価●1800円+税
発行元●一般社団法人オーガニックヴィレッジジャパン+や組
発売元●キラジェンヌ株式会社

お問合せ
一般社団法人
オーガニックヴィレッジジャパン（OVJ）
TEL:03-6225-0613
FAX:03-3532-0463
E-mail:info@ovj.jp
URL;ovj.jp

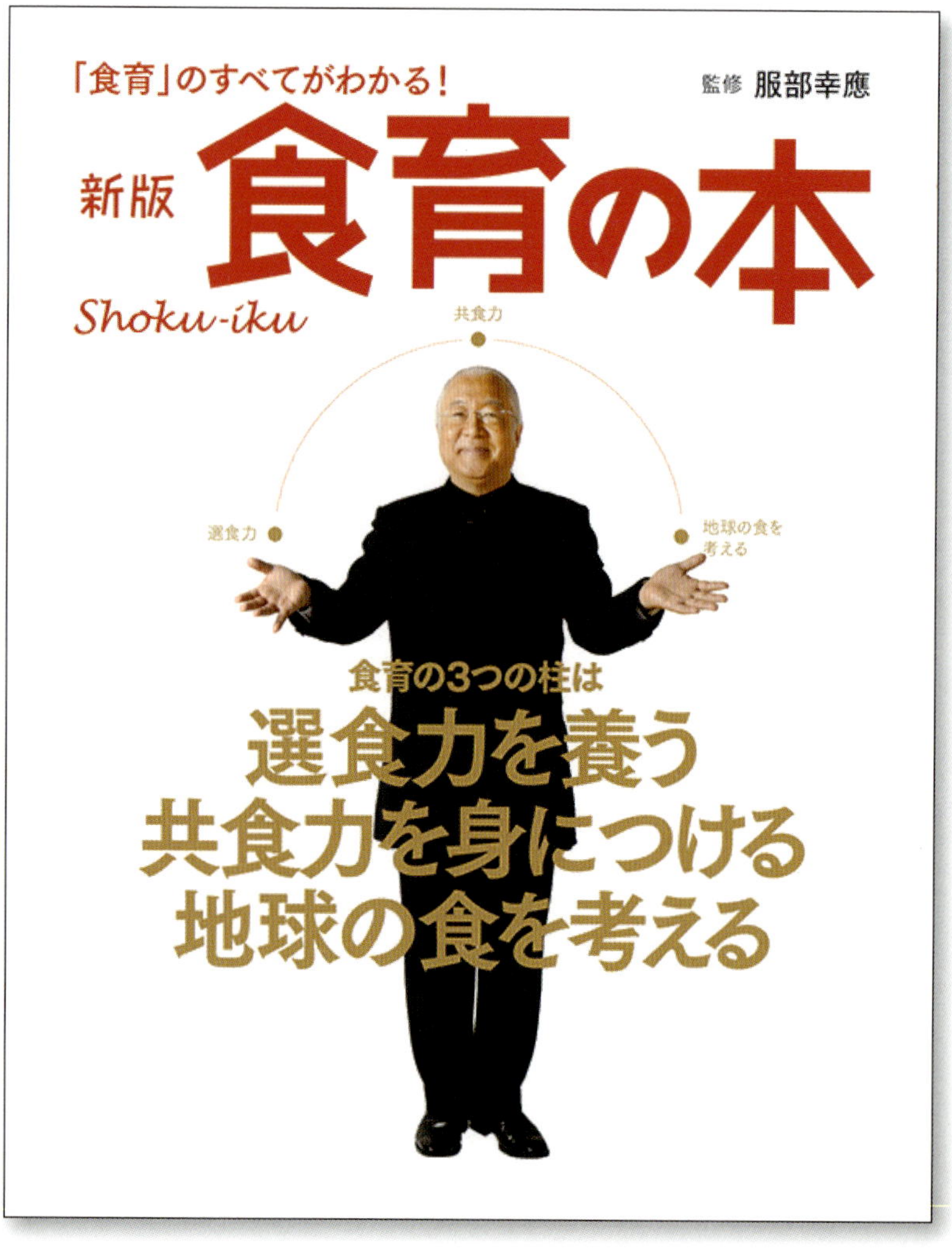

電話帳インフォメーション

560ページに満載！日本のオーガニック情報源

オーガニックの水先案内人

「オーガニック電話帳」
改訂第7版

絶賛発売中！
A5判
約560P
定価 3300円（税別）

2011年の第6版から6年ぶりの最新刊（第7版）発売！

オーガニックはライフスタイルだ！という
意識の浸透でこれからの成長がどのジャンルよりも期待されるオーガニックマーケット。
ゆえにさまざまな情報が氾濫、渋滞、錯綜しています。
そこで6年ぶりに情報の交通整理を実施！

この国の食の安心・安全はオーガニックがになう！

「オーガニック電話帳」は、オーガニックマーケットの発展と
拡大の一助となることを目指して2000年に創刊。2011年11月発行の第6版まで改訂を重ねてきました。
6年ぶりに大規模に再編集した改訂第7版を発行します。
有機農産物の生産者をはじめ加工食品メーカー、流通・卸・小売・飲食店など、オーガニックにかかわる
法人・団体、個人事業者1700件（＋リスト4000）を
網羅した560ページ近い、
日本で唯一、最大の情報源となるデータブックです。
ビジネスパートナーを探している業界の方から
新規参入を考えている異業種、
健康や環境に関心の高い一般消費者の方など
幅広い層に愛用されています。

これからもオーガニック情報源として進化する

本書はオーガニック市場で約20年間、
畑から食卓までをつなぐパイプ役を少なからず
担うことができたと自負しています。
とは言え、日本の市場は伸び悩み、
足踏み状態が続いている現実があります。
2020年の東京オリ・パラを契機にオーガニックが
成長しそうな期待感もある中、
6年ぶりの発行は今まで以上に存在価値と
付加価値が高まります。

媒体概要
誌　名●「オーガニック電話帳」改訂第7版
発売日●2017年9月20日
判　型●A5判　無線綴じ　560p
定　価●3300円（税別）.
発行元●一般社団法人オーガニックヴィレッジジャパン＋や組
発売元●キラジェンヌ株式会社

お問い合わせ、お申し込み先
「オーガニック電話帳」編集部
〒104-0052 東京都中央区月島1-21-12
TEL:03-6225-0613
FAX:03-3532-0463
Email:denwa@ovj.jp
URL:www.ovj.jp
＊FAX、HPよりご注文承ります。

一般社団法人オーガニックヴィレッジジャパン

OVJって何?

OVJの活動について

OVJとは、オーガニック&食育を主軸とした、2020年の東京オリンピック&パラリンピック開催に向けた日本各地の活性化を推進する団体です。その中核的キャンペーンとして「2020年オリンピック&パラリンピックの選手村と事前キャンプ地をオーガニックにしよう!」を進めています。

ただし、2020年はひとつの通過点にすぎません。2020年以降も継続できる真の持続可能な社会を目指すために、我々は本来日本が大切にしてきた山里海の資源と共存した地域創生の形を提示し、実行するためのさまざまなサポート活動を行っていきます。

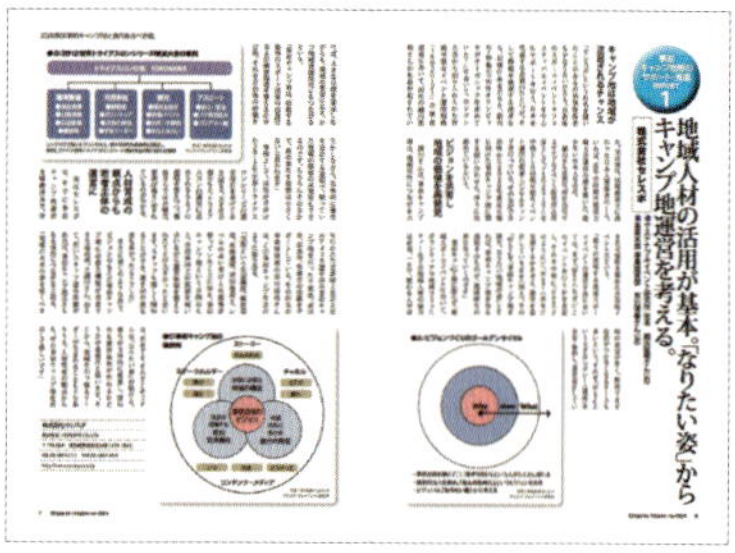

入会のご案内

OVJでは、活動を支援いただくのと同時に、一緒に活動を盛り上げてくれる法人並びに個人を募集しています。詳細、申し込みは左記URLまでアクセスしてください。

http://ovj.jp/supporter

OVJが考える「オーガニック」

私たちOVJが考える「オーガニック」とは、いわゆる日本国内で規定される有機JAS法に限定していません。

オーガニックは今日、食にとどまらず、ライフスタイル全体を表現する言葉として、日本国内でも身近な存在となってきています。そしてそれは、山里海の循環を基調とした地球環境、生態系にとって持続可能(サステイナブル)であり、人間の身も心も健やかにするものだと捉えています。

こうした考え方を前提に、生産履歴の開示など、情報の透明性が確立している衣食住にわたるあらゆるものを、私たちOVJでは「オーガニック」だと考えています。

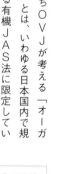

OVJはこんな活動をしています

メディアプロジェクト

▼オーガニック定期専門誌「ORGANIC VISION」の編集・発刊（年4回）

▼オーガニックを基盤とした食育専門情報誌の企画・発刊（本誌「大豆の学校」など）

▼自治体に向けた事前キャンプ地マニュアルの作成

▼オーガニック専門ポータルサイト&メールマガジン発刊　他

セミナープロジェクト

▼年1回事前キャンプ地&食育等をテーマにした「オーガニックシンポジウム」の開催（毎年8月開催予定）

▼植物研究のスペシャリスト育成のための「プランツ・アカデミー東京」運営

▼オーガニック、食育、事前キャンプにまつわる出張セミナー　他

OVJが年4回発刊するオーガニック&食育専門誌「ORGANIC VISION」

OVJのメインテーマのひとつ、2020年東京オリパラ事前キャンプ地のオーガニック化。その啓蒙普及を行うために、セミナーも行っています

オーガニックにとどまらず、植物の原点を学び、実践する「プランツアカデミー」を毎年開催。薬学×植物学の世界的スペシャリストを講師に、年5回の実践講座を行っています

イベントプロジェクト

▼オーガニックイベントのプロデュース

▼オーガニック&食育に特化したマッチング&マルシェの企画・運営　他

オーガニック化サポートプロジェクト

▼自治体のオーガニック化プロジェクト

▼企業のオーガニック化プロジェクト　他

その他オーガニック活性にまつわるプロジェクト

▼農水省「オーガニック・エコ農産物安定供給体制構築全国推進事業」への参加（「次代の農と食を創る会」への参画）　他

日本最大級のオーガニックイベント「オーガニックエキスポ」の運営にも関わります。写真は2014年の「オーガニックマルシェ」の様子

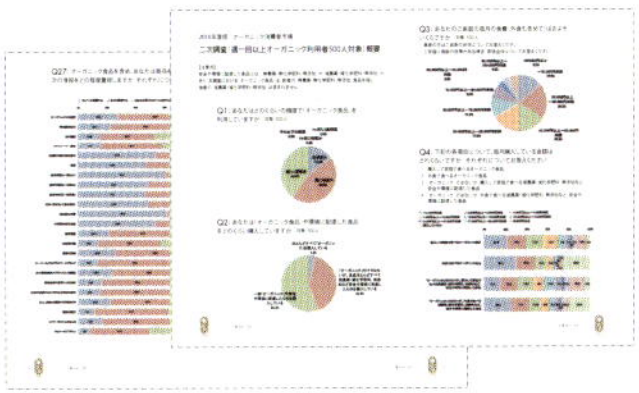

これまでオーガニック業界には、定例的な市場調査が行われなかったため、2016年に独自に消費者調査を実施。「オーガニック白書速報版」として冊子化し、セミナーを実施いたしました

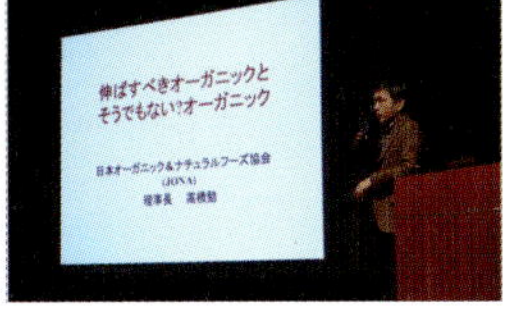

OVJでは、オーガニックにとどまらず、関連するイベントに出展し、オーガニックの普及および会員企業の紹介等を行っています

OVJの活動にまつわる質問、および入会等に関するお問い合わせ、ORGANIC VISIONに関するお問い合わせは、OVJ事務局までお問い合わせください。

▼一般社団法人オーガニックヴィレッジジャパン（OVJ）事務局
Tel:03-6225-0613 Fax:03-3532-0463　Email: info@ovj.jp
〒104-0052 東京都中央区月島1-21-12　http://www.ovj.jp

日本のオーガニックマーケット唯一の専門誌

季刊 ORGANIC VISION

オーガニック&食育をリサーチ、リポート、サポートする
Think & DoTank マガジン

定期購読受付中

年間購読料金

↓

4冊合計
6,000円
↓
5,000円
(ともに税込)

最新掲載内容

●第5号(1月)

特集❶オーガニック消費者市場調査
「オーガニック白書 2016」
緊急レポート&分析【速報版】
特集❷オリ・パラ事前キャンプ地と
食のあるべき姿。千葉県
連載 コウノトリの街の
オーガニックへの挑戦【特別編】
中貝宗治豊岡市長インタビュー

●第6号(4月)

特集❶女子力が、オーガニックの
新たな可能性を切り拓く!
特集❷自治体関係者に告ぐ。
ホストタウンに注目せよ!
特集❸2020東京食料調達基準の
内容を検証する

●第7号(7月)

特集❶日本酒、次なる価値は、オーガニック。
特集❷開催直前!国際オーガニック
EXPO2017の全貌。

雑誌概要

B5判 60〜70p オールカラー
定価1,500円(税込)
季刊(年4回1月、4月、7月、10月発売)
※国内のみの発送に限定させていただきます
※年間購読契約期間内の解約による
ご返金は原則お受けできません。
ご了承ください

申込方法

1. FAXでのお申し込み

申込書に必要事項を記入の上、
03-3532-0463 まで FAX ください。
商品を送付いたしますので、同封する
振込用紙を用いて料金をお支払いください。

2. HPからのお申し込み

http://ovj.jp/magazine まで
アクセスいただき、
必要事項を記入し、送信ください。
商品を送付いたしますので、同封する
振込用紙を用いて料金をお支払いください。